龟鳖高效养殖技术图鉴

章 剑 著

U0195566

海洋出版社

2018年·北京

图书在版编目(CIP)数据

龟鳖高效养殖技术图鉴 / 章剑著. —— 北京：海洋
出版社, 2018.3
　ISBN 978-7-5210-0011-5

　Ⅰ. ①龟… Ⅱ. ①章… Ⅲ. ①龟鳖目－淡水养殖－图
谱 Ⅳ. ①S966.5-64

中国版本图书馆CIP数据核字(2017)第313061号

责任编辑：杨　　明
责任印制：赵麟苏

海洋出版社 出版发行
http://www.oceanpress.com.cn
北京市海淀区大慧寺路 8 号　　邮编：100081
北京朝阳印刷厂有限责任公司印刷　　新华书店北京发行所经销
2018年3月第1版　　2018年3月第1次印刷
开本：787mm×1092mm　　1 / 16　　印张：12.5
字数：215千字　　定价：80.00元

发行部：62132549　　邮购部：68038093　　总编室：62114335
海洋版图书印、装错误可随时退换

前　言

　　一本好书应是包含读者需要的知识和技术，帮助读者学习进步，并在事业中取得成就。本书讲述了龟鳖养殖中遇到的难题以及解决难题的知识点和核心技术，并在产业整合与经营策略上，打开更广阔的视野。图文并茂，让读者不再枯燥无味，看得进，学得到。精准的技术让您学到养殖中的核心秘籍；精诚的态度将作者与读者之间的距离拉得更近。

一、平衡

　　不懂平衡就不懂养龟，平衡是龟鳖养殖中的最高境界与智慧。无论是仿野生养鳖，还是一般的人工养龟，都离不开平衡。平衡包括两个方面，一是龟鳖与环境之间的平衡，另一个是龟鳖体内微生态系统的平衡。当龟鳖体内平衡受到威胁，龟鳖就会发生应激反应，调节过来为良性应激，调节不过来就会发生恶性应激，从而发生各种应激综合征。龟鳖为什么会发病？究其本质，是由于龟鳖生态系统失去平衡所表现出来的各种症状。那么，避免发病的唯一途径，就是从生态平衡原理着手，注意环境调控、结构调控和生物调控。一旦发病，就要从环境、饲料和应激三个方面去寻找致病因子，找到病因后，正确诊断，最后对因治疗，注意不是对症治疗，因为对因治疗是治本，而对症治疗是治标。平衡还包括饲料营养的平衡、氨基酸平衡、电解质平衡，对于龟鳖消化道内微生态系统也需要用益生菌、益生元和合生素来调节菌相平衡。只有平衡，才能养好龟鳖。每天我们都要问一下自己，今天平衡了吗？温度的突变、饲料的变质、种苗的转群、操作不当等都会导致应激，因此要避免应激源对龟鳖的刺激，运用科学技术去养好龟鳖，而不是违背龟鳖习性去布置环境、投喂变质饲料和乱用药物。在繁殖时，按照平衡理论，调节雌雄比例，改善养殖环境，调整饲料结构，严格依据"温度、湿度和通气"三要素，做好龟鳖卵孵化工作，注意清洗孵化介质，剔除未受精卵，做好消毒处理。

二、核心

我们在养龟中要积极探讨新技术，不断更新养殖知识，用现代化的养殖方法武装自己的养龟园和养鳖场。书中大量介绍了新的龟鳖养殖核心技术，如打破龟鳖冬眠技术、无沙养鳖、仿野生龟鳖养殖、石龟养殖、黄缘盒龟的种群区别与养殖、黄额盒龟养殖和鳄龟早繁技术等。作者设计的新型实用专利，龟池定时自动换水系统，根据作者实践，庭院养殖黄缘盒龟，每天需要定时自动换水8次，才能解决黄缘盒龟高密度养殖中遇到的水质污染问题。在核心技术介绍中，鳄龟的早繁技术是一大亮点，不少读者第一次看到这样的养殖方法，通过图文并茂的方式，让读者眼见为实，读懂新的核心技术，从中学到最新的知识。黄缘盒龟分很多种群，尤其是安缘与台缘的区别，台缘又分三种不同类型，全部采用图片与文字结合的方法让读者一看就懂。黄额盒龟是世界上最难养的品种，没有之一，为什么会这样？作者用大量图片详细介绍其中奥秘，通过学习，增强养殖黄额盒龟的信心，少走弯路，尽可能避免出现问题。大量的龟鳖常见性与应激性疾病的诊治图片与实例，触及核心，是作者的心血与奉献。

三、引领

中国龟鳖网始终秉持核心技术第一，引领行业健康发展。龟鳖养殖之后，要进入终端市场，通过市场消化，获得现金流，扩大再生产，这是基本的产业原理。就是这样简单的逻辑，很多时候，被炒种的虚假信息扭曲，失去控制的结果是炒种大户赚钱，跟风散户亏本。我们需要的是健康的共同发展的产业，而不是少数人盈利、大多数人负债的局面。据此，中国龟鳖网不断提醒养殖者在养殖中遇到的风险，提前发布预警，让大家看到市场前景，增强信心，正确面对困难与挑战。在市场竞争的最后阶段要依靠核心技术，比如养鳖成本，盈亏平衡点是每斤商品鳖成本13元，技术好的只要11元，这2元的差距就是核心技术含量，就是技术竞争的利润。食用龟需要疏通最后一公里，建立健全终端市场，以品质取胜，让大众接受，放心消费，安全食用，只有这样养殖户才能从中收回成本、获取利润，更有信心地积极发展养龟业，推动良性循环。观赏龟消费是指观赏龟养殖后，输送到花鸟市场，通过提高观赏性，用龟的品相来抓取消费者的眼球，赢得观赏龟爱好者赋予的经济价值。龟鳖养殖的一般竞争策略是：人无我有，人有我多，人多我精，人精我转。进一步，同样的质量价格最低，同样的价格质量最优。如果您做到了，就领会到了龟鳖市场竞争的精髓。

章　剑

2017 年 9 月

目 录

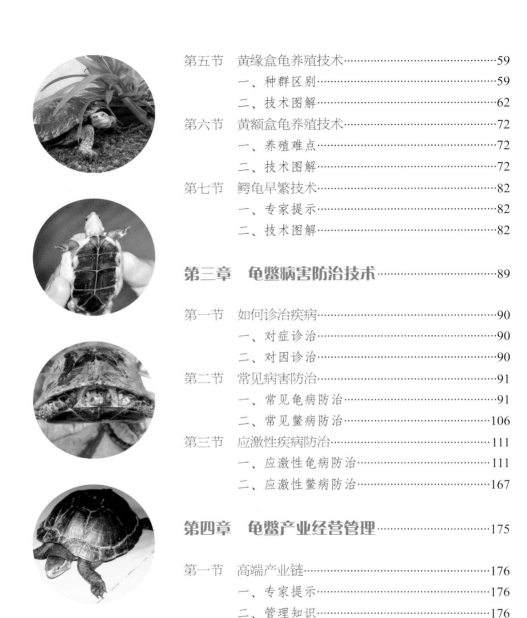

第一章
龟鳖养殖关键要素

第一节　环境

一、专家提示

　　龟鳖环境的优劣决定其生存状态，影响生长与繁殖的全过程。环境、病原与宿主相互作用产生疾病，因此优化环境，可减少疾病的发生，根据龟鳖习性设计不同的生态环境。对于养鳖和水栖龟来说，水环境要做到水源符合国家渔业水质标准，保持环境安静，设立必要的晒背台，满足龟鳖晒背的生活习性。对于半水栖的龟类，要为其创造散光的生态环境，种植小树林，放置盆景，建造泡澡池、龟窝和产卵场，有些龟需要高温和高湿环境，可安装人工降雨或加湿装置，充分满足龟对特殊环境的需要。对于陆龟，主要是大面积的陆地和相应的泡澡池，在陆地上栽种树木遮阴，搭建龟窝，陆地上可选用全土、沙土或草坪，海口一家养龟场养殖陆龟使用的是泥沙，墨尔本动物园陆龟区使用的是草坪，悉尼动物园使用水泥地养殖陆龟。不提倡使用水泥地，因为其容易磨损陆龟的腹部和脚爪。养龟的总体要求是：摄食区与活动区分开，龟窝与产卵场分开，食台与晒背台分开。环境要求整洁卫生，经常清除残饵和粪便，定期消毒，预防疾病发生。

　　龟鳖池设计千变万化，主要依据地形地貌，因地制宜，重要的是根据龟鳖习性来设计，不同的龟鳖有不同的要求。养殖环境本无定律，可设计成龟鳖与环境和谐的生态，千万不要使用取悦于人的设计，那是错误的。但是，能以龟鳖为主，适当顾及人的需要，未尝不可。比如龟鳖池直边改为曲边，在一片龟鳖池中央建一个喝茶与观赏的休闲亭，龟鳖池之间的走道设计成园林式的曲径通幽，路边种植果树，当然可以。一句话，先满足龟鳖的需要，再满足人的要求。

　　有读者问，水龟养殖是泥沙底好还是瓷片底好？笔者认为，水龟养殖池的底质决定龟的腹部的颜值。如果养殖的是观赏龟，那么使用瓷片底较好，这样养殖出来的龟，腹部斑纹清晰，观赏性高，上市可卖个好价钱。如果使用的是泥沙底，养殖出来的观赏龟腹部斑纹模糊，甚至会出现铁锈斑色（比如西部锦龟、剃刀龟），影响观赏，出售价格低。假如我们养殖的目的是商品龟，不是为了观赏，而是食用等，那么泥沙底对龟的影响，不会降低其商品价值。所以，要看养殖的终极目标。就龟本身，更喜欢泥沙底的生态，这样的环境有利于龟潜入泥沙中栖息，找到舒适的生态位，促进龟的生长。

图1-1

二、图解实例

1. 金头闭壳龟

这是 1988 年在安徽发现的珍稀品种，观赏价值极高，属于安徽省一级保护野生动物，在法律效力上相当于国家二级保护动物，因此养殖时需要办证。目前，在我国北京、上海、江苏、浙江、湖北、山东、山西和广东等地开展驯养繁殖，如北京王一军，上海唐雪良、杨岸山，江苏朱成、陆义强等进行的家庭养殖，都取得较好的成就。典型的养殖方法采用玻璃缸水质净化循环系统，主要特点是：水质经过滤后使用；使用水浮莲吸收水体中的氮磷；在玻璃箱中设置水陆两栖的生态环境，满足金头闭壳龟偏水栖的生物习性（图 1-1 至图 1-4）。"金头梦"已成为很多人努力追求的梦想，极品的金头闭壳龟打动无数的龟迷。

图1-2

图1-3

图1-4

图1-1　金头闭壳龟（唐雪良摄）
图1-2　为金头闭壳龟建立水陆两栖的生态系统（杨岸山摄）
图1-3　金头闭壳龟水质净化系统（杨岸山摄）
图1-4　使用过滤加水浮莲吸收氮磷净化水质（杨岸山摄）

图1-5

2. 金钱龟

学名三线闭壳龟, 常被人们俗称"金钱龟"。很多人梦寐以求的金钱龟, 在笔者看来, 一旦拥有, 终生无憾。走近观看, 金钱龟眼睛明亮, 红壳、红脖、红脚、红皮肤, 以"红"为贵, 故有"红边龟"之名。腹部全黑或米字底, 头顶灰黄或蜡黄。硕大体型, 气宇轩昂, 品质高贵, 风度不凡, 镇定自如, 仿佛向人们诉说千年的故事。金钱龟红似火焰, 那不是一团火, 而是一垒金。

图1-6

笔者访问了地处广东茂名的金钱龟大王杨火廖。他为金钱龟建造的大楼, 里面深藏精致的"别墅级"龟池, 一排排纵横交错, 鳞次栉比, 瓷砖釉面, 光洁无瑕, 水池与产卵场相隔, 盆景点缀, 环境幽静, 一个个"陶制"龟窝, 亮点纷呈, 那是生态位, 也是龟之家。杨火廖向笔者介绍, 他设计的龟池进排水系统被暗藏, 不仅有科技含量, 其颜值之高, 令人羡赞, 这是笔者见过的国内最漂亮的龟池 (图1-5至图1-10)。

图1-7

图1-8

图1-9

图1-10

图1-5　金钱龟
图1-6　杨火廖在观察金钱龟活动
图1-7　杨火廖设计的陶制龟窝
图1-8　杨火廖养殖的金钱龟
图1-9　杨火廖建成的金钱龟大楼
图1-10　杨火廖为金钱龟建立的生态位

图1-11

3. 黄缘盒龟

　　红脸、体圆、高背是珍稀安缘的典型特征。一生美丽的黄缘盒龟，引无数缘迷竟折腰，纷纷加入养殖的行列。养殖它不以食用为目的，其本身就具有很高的欣赏价值。此龟喜欢散光环境，早晨阳光初照大地，黄缘盒龟喜欢在温暖阳光下沐浴。随着温度的进一步升高，在直射的阳光环境下，黄缘盒龟喜欢钻入灌木丛，在散光的生态环境中享受时光。灌木丛是一种以散布的耐旱灌木为主的地理景观，人工栽培灌木丛，目的是制造黄缘盒龟喜欢的散光环境。这样的仿野生环境为黄缘盒龟的活动区，设置泡澡池、龟窝以及产卵场，满足黄缘盒龟生长与繁殖的需要（图1-11至图1-14）。

图1-12

图1-11　黄缘盒龟泡澡池与龟窝
图1-12　黄缘盒龟泡澡池通向产卵场
图1-13　黄缘盒龟喜欢的灌木丛
图1-14　黄缘盒龟在散光环境中活动

图1-13

图1-14

4. 黄额盒龟

黄额盒龟陆栖性强。黄额盒龟一般生活于山区高海拔雨林中，喜温喜湿。在旱季生活于郁闭度（注：郁闭度是指森林中乔木树冠遮蔽地面的程度）大于85%的微生境，而在雨季，偏好郁闭度大于65%的微生境，落叶厚度大于或等于30厘米、落叶盖度大于90%，海拔高度为700～1 300米的山区常绿季雨林。喜欢温度27～28℃和湿度80%～90%的环境。

活动规律：11中旬开始冬眠，4月中旬所有个体结束冬眠。越冬时，龟窝气温一般不要低于10℃。黄额盒龟在厚厚的落叶层下能减弱低温对其的影响。人工养殖时，根据黄额盒龟的生态习性，创造高温高湿的生态系统，例如铺设草坪、增设盆景、泡澡池、产卵池和活动场所分开，环境整洁，盆景植物茂盛。龟时常钻入植物丛中栖息，尤其喜欢在高湿度环境中。龟栖息的环境干燥时，可通过喷雾刺激，不仅增加湿度，而且促进其交配与排泄（图1-15至图1-18）。

图1-15

图1-16

图1-15 铺设草坪是黄额盒龟的最爱
图1-16 盆景为黄额盒龟提供隐蔽散光的环境
图1-17 环境整洁的黄额盒龟生存环境
图1-18 为黄额盒龟创造生态位

图1-17

图1-18

5. 石龟

石龟主要是指黄喉拟水龟的三个种群（南石、大青和小青）中的"南石种群"，其主要分布在两广（广东、广西壮族自治区）和海南等地，国外主要分布在越南，以越南引进的种群为优。石龟的特点是：背甲黑色或棕红，头顶梅花斑，头部三角形，眼睛

图1-19

不鼓，脊棱穿越背甲中线延伸至前后端，腹部浓墨，黑斑边缘不呈放射状，眼线穿越眼球。养殖时，制造植物茂盛的生态，单层或多层池构造，单层池操作方便，多层池立体利用空间，在池边放置盆景，或沿龟池种植爬藤植物，龟池上方盖大棚遮阴降温，可种植"龙须草"，利用其发达的根须吸收水中龟便和残饵导致的氮磷等富营养成分，优化环境。两广和海南是石龟养殖的重要地区，广东茂名沙琅镇和广西壮族自治区钦州是石龟养殖最多的地方。2014年，中国龟鳖网在沙琅举办年会时组织参观了当地石龟养殖大户，大家从现场感受到石龟养殖的优势，石龟的发展前景是充分挖掘其食用价值，与终端市场对接，形成良性循环，希望理性发展的理念成为大家的共识（图1-19至图1-22）。

图1-20

图1-19　石龟养殖池植物茂盛
图1-20　中国龟鳖网年会组织
　　　　参观石龟养殖地
图1-21　壮观的龙须草优化石
　　　　龟养殖环境
图1-22　发达的龙须草根须可
　　　　净化水质

图1-24

图1-23

6. 乌龟

乌龟被大家俗称中华草龟，分江苏种群、安徽种群、江西种群、湖北种群和四川种群等，其中以江苏的"金线草"最为著名。日本《乌龟的饲养方法》一书有关于金线龟的描述："背甲中心和左右各有一隆起是其特征，头部有黄绿线图案；四肢的基部有臭腺会发出独特的臭味，又称臭龟。幼龟又称金线龟。"养殖乌龟，环境基本要求以土池为佳。原则上不进行任何杂交，以保持原种基因纯化。龟池四周可使用瓦片压延防逃，池岸可砌砖加固，甚至用砖砌成围墙。池子的一边设置产卵场，通过引坡让亲龟爬上产卵场产卵。产卵场一般使用河沙堆砌、种树、结合围墙，还可在河沙上面覆盖树枝树叶，形成隐蔽的产卵环境，亲龟喜欢钻在树叶或青草覆盖的河沙中挖窝产卵。池内高于水面的陆地可种草，营造自然生态（图1-23至图1-26）。

图1-23　乌龟中的金线草种群
图1-24　土池养乌龟用瓦片压延防逃
图1-25　种草营造乌龟的自然生态
图1-26　龟池的一边设置产卵场

图1-25

图1-26

7. 鳄龟

鳄龟就品种而言,包括大鳄龟和小鳄龟,小鳄龟分为佛州、北美、南美和中美四个亚种。大鳄龟给人的印象是背部山峰状的盾片随着生长和年龄的增加,不会发生变化。而小鳄龟在幼体阶段背部山峰状的凸起明显,成年后逐渐消失,变得扁平,所以有时又叫平鳄龟或拟鳄龟。在小鳄龟中出现头顶"爆刺"的现象,起初从美国佛罗里达州引进我国的时候,确实没有注意到这一特征,后来茂名地区养龟者首先发现,重点挖掘和定向选育,这种爆刺的特征进一步得到增强,密度增加,爆刺更长,受到养殖爱好者的追捧。尤其是两广利用自然温度高的优势,培育出繁殖率高的优势品种,在当地叫"佛鳄龟"。

图1-27

图1-28

图1-29

图1-30

我们在开展鳄龟人工养殖时，首先要注重环境的调控，这一点浙江松阳县农业局下属的鳄龟养殖场生态环境做得比较好。他们在鳄龟池中移植荷藕、水葫芦和浮萍等吸污能力较强的水生植物，美化养龟环境，净化水质。鳄龟喜欢这样的环境，从中找到需要的生态位，并在这种仿野生环境中，隐蔽、栖息、活动，这样养殖出来的鳄龟品质优异。他们利用这样的环境进行繁殖性试验，在龟池的一边，建造鳄龟产卵场，鳄龟通过引坡爬入产卵池产卵，在盖上大棚的产卵场内，下雨天不影响产卵，使用泥土产卵介质，满足鳄龟喜好在覆盖树枝树叶的泥中产卵的习性（图1-27至图1-31）。

图1-31

图1-27　在鳄龟池中移植水葫芦
图1-28　在鳄龟池中移植浮萍
图1-29　大鳄龟与小鳄龟两个不同品种
图1-30　在鳄龟池中移植荷藕
图1-31　鳄龟产卵场

8. 鳖

常见鳖主要有中华鳖、台湾鳖、日本鳖、美国珍珠鳖、美国角鳖、中南半岛大鳖等，其中黄沙鳖是中华鳖的广西种群，这种鳖种质较纯。显著特点是：稚鳖腹面呈橘红色，上有清晰对称排列的黑色斑块，数量一般为 7～8 对；成鳖外观体型钝圆扁平，背部呈浅土黄色，背甲上清晰可见脊椎骨和肋骨的结构排列，脊椎两侧间断或不间断纵向弯曲排列的表皮皱褶线非常明显，腹部呈红黄色，表面清晰可见密布的毛细血管。随着个体的生长，腹部的暗纹状黑灰色斑逐渐隐退，体重达 500 克以上，只在腹甲上留有 2 对暗纹状的灰黑色斑块，其他斑块全部消失。主要优点是：品种纯正、体型偏圆、体色金黄、裙边宽厚、肌肉结实、肉质鲜美。个体大，生长快，抗病力强，营养价值高，深受市场欢迎。

图1-32

图1-33

图1-34

图1-35

　　一般采用方格化的鳖池景观。移植水葫芦、水稻、荷藕、浮萍等净化水质，在朝南的池边建立引坡，利于鳖上岸休息和晒背，在护坡上斜置木板食台，投饵后便于观察。使用螺肉和鱼肉投喂，根据需要喂一些配合饲料。养成的黄沙鳖肉质细嫩，裙边宽厚，脂肪呈天然黄色，味道鲜美，具有仿野生风味（图1-32至图1-36）。

图1-32　黄沙鳖
图1-33　方格化的养鳖池
图1-34　黄沙鳖卵
图1-35　黄沙鳖苗
图1-36　利用水生植物净化鳖池水质

图1-36

第二节 　饲料

一、专家提示

　　饲料是供动物采食、且无毒无害的物质，对于人工养殖龟鳖，饲料是满足龟鳖营养需要的食物总称。营养需要平衡，包括氨基酸、电解质和微生态平衡，这就需要各种营养成分调和并发挥作用，包括蛋白质、脂肪、碳水化合物、维生素、矿物质、微量元素、免疫增强剂、诱食剂、微生态制剂和特殊饲料添加剂。饲料的种类包括天然饲料和人工配合饲料，而天然饲料包括动物性饲料和植物性饲料。商品性龟鳖养殖，以人工配合饲料为主；繁殖性龟鳖养殖，以天然饲料为主；观赏性龟鳖养殖，两类饲料都可兼用。小型化养殖，可在配合饲料的基础上适当添加多种营养性饲料，但不能太复杂，需要注意营养平衡；大型化养殖，应以人工配合饲料为主，有条件的企业可自制饲料，以降低饲料成本。龟类分水栖、半水栖和陆栖三大类，鳖类为水栖，区别的主要方法是看龟的指趾间是全蹼、半蹼还是无蹼，水栖全蹼、半水栖半蹼、陆栖无蹼。习性决定饲料的种类，水栖喜食偏动物性饲料，半水栖杂食性，陆栖为植物性食性，饲料应根据其习性配制，并满足其营养需要。

二、图解实例

1. 动物性饲料

　　动物性饲料主要包括"鱼、虾、螺、肉、蚓、虫、粉"等，富含粗蛋白、碳水化合物、矿物质、维生素和生物活性物质等有利于龟鳖生长和繁殖的一系列饲料。龟鳖养殖常见使用的动物性饲料有：鲶鱼、草鱼、鲫鱼、泥鳅、淡水虾、海水虾、福寿螺、田螺、牛肉、精猪肉、黑蚯蚓、红蚯蚓、黄粉虫、大麦虫、蝇蛆、蟋蟀、蛞蝓，以及鱼粉、奶粉、蚕蛹粉、蝇蛆粉、血粉、墨鱼骨粉等（图 1-37 至图 1-42）。

图1-37

图1-38

图1-39

图1-40

图1-42

图1-41

图1-37　鲶鱼肉用来喂石龟
图1-38　用来喂龟的虾（蛋蛋摄）
图1-39　福寿螺用来喂黄沙鳖
图1-40　牛肉用来喂黄缘盒龟
图1-41　黄缘苗摄食蚯蚓
图1-42　用黄粉虫喂龟

图1-43

2. 植物性饲料

植物性饲料主要用于陆龟和半水龟，选择范围较广。常见的植物性饲料包括：青干草、车前草、蒲公英、野苋菜、紫苋菜、黑麦草、南瓜叶、苜蓿、马齿苋、生菜、油麦菜、小白菜、青菜、空心菜、卷心菜、芥蓝、薯叶、莴苣菜、荠菜、胡萝卜、南瓜、土豆、红薯、西红柿、葡萄、草莓、杨梅、香蕉、玉米、鲜竹笋等（图1-43至图1-47）。

图1-44

图1-45

图1-46

图1-47

图1-43　陆龟摄食干草（作者
　　　　摄于悉尼）

图1-44　黄额盒龟摄食红薯

图1-45　半水龟喜欢的胡萝卜
　　　　和南瓜料

图1-46　黄额盒龟摄食西红柿

图1-47　黄额盒龟摄食玉米和
　　　　白菜

3. 配合饲料

　　龟鳖有了动物性饲料和植物性饲料，为什么还要配合饲料呢？我们知道，动物性和植物性饲料合起来属于天然饲料。这类饲料含有生物活性成分和未知生长因子，有利于龟鳖的性腺发育，部分满足生长需求。但是这样的饲料营养不够全面，尤其是氨基酸的组成、维生素的结构、电解质的配比等，都不能与龟鳖的营养需求相对应，单一地投喂这类饲料，饵料系数比较高，浪费生产成本和自然资源。配合饲料应运而生，它的最大特点是通过氨基酸、维生素、矿物质、电解质等的结构和比例，与龟鳖体内需求的这些营养一一对应，营养平衡后，极大地提高饲料的使用效率，充分利用自然资源，减少对环境的污染，降低生产成本，加速龟鳖生长，缩短养殖周期。但应该看到，配合饲料中缺少天然饲料中的生物活性成分，以及未知生长因子，对于需要繁殖的种龟种鳖来说，就需要结合使用天然饲料，以提高龟鳖的繁殖率。

　　配合饲料具有针对性强、营养全面、质量稳定、氨基酸和电解质平衡等特点，其含有维生素、矿物质、免疫增强剂、引诱剂和微生态制剂，可复合添加，操作方便，节省人工，适合规模化养殖。散户养殖时，在配合饲料中添加各种动植物饲料，成分复杂，工序繁琐，对于养殖数量较多的家庭就不是那么方便，并且营养失衡，造成资源浪费。适当使用配合饲料加天然饲料，补充维生素和电解质等，能满足家养龟鳖的营养需求。在饲料中要不要添加微生态制剂，笔者认为是可以的，但要注意，不要每次都添加，定期添加就可了。要注意添加有益菌、益生元和合生素，综合各自优点，以添加合生素为佳。益生菌顾名思义，是有益于微生态平衡的良性细菌，益生元是为益生菌提供食粮的寡糖类，合生素是将益生菌与益生元复合而成的微生态制剂。如果不加益生元，那么益生菌就好比住旅馆的客人，来了就要走，会随着动物的粪便排出。加了益生元，那么益生菌因为有了食粮，就会留在消化系统内，继续繁衍。

　　配合饲料中的氨基酸、电解质和维生素的添加，要根据龟鳖各个不同生长阶段的营养需求，以氨基酸为例，饲料中的氨基酸结构与比例一定要与养殖对象中的营养结构和比例对应，否则就会陷于"木桶的短板"。营养的配比就好比"化学式的配平"，达到平衡的目的。营养全面平衡配合出来的饲料，就是全价饲料，这样的饲料饵料系数低，报酬率高，具有极高的生产效率和经济效益。

　　目前龟鳖配合饲料的种类多样。过去只限于粉状的配合饲料和硬颗粒饲料，现在已开发出膨化颗粒饲料。从 0# ~ 5# 料，不同大小粒径（1.5 毫米、2.2 毫米、3.0 毫米、4.5 毫米、6.0 毫米、8.0 毫米），满足龟鳖的"稚、幼、成、亲"等不同阶段的适口性和营养需要。综合来说，基本的营养需求包括：蛋白质、脂肪、碳水化合物、粗纤维、粗灰分、维生素、矿物质、微量元素、免疫增强剂、引诱剂等。常见的维生素有十几种，根据需要进行配比；微量元素也是龟鳖生长中不可缺少的营养因子，所以添加剂是饲料的核心科技。我们常说的电解质平衡，主要是指矿物质和微量元素以阴阳离子的形态在饲料中出现，并且必须保持平衡。如果不平衡，龟鳖机体可能会出现水肿和囊肿。长时间喂牛肉、虾肉、猪肝等饲料，龟鳖就会出现排泄物不成形，这时适当使用配合饲料，就会恢复成形（图1-48至图1-52）。什么是电解质呢？是在溶液中或在熔融状态下形成正负离子，能导电的物质。进一步解释，纯净水是不能导电的，而含有无机盐的水就能导电，比如盐水，含有氯化钠，故能导电，电解质的概念由此而来。水和电解质广泛分布在细胞内外，参与体内许多重要的功能和代谢活动，对正常生命活动的维持起着非常重要的作用。体内水和电解质的动态平衡是通过神经、体液的调节实现的。

图1-48

图1-49

图1-50

图1-51

图1-52

图1-48　鳖配合饲料
图1-49　乌龟配合饲料
图1-50　石龟配合饲料
图1-51　3号膨化龟饲料
图1-52　鳄龟配合饲料

第三节 平衡

一、专家提示

　　龟鳖养殖的最高境界是什么？平衡。龟鳖养殖的最高智慧是什么？调节平衡。怎样调节平衡？环境调控、结构调控和生物调控。龟鳖养殖的三要素是什么？环境、饲料和应激。为什么会有应激？龟鳖体内平衡受到威胁会产生一系列生物学反应，这些反应就是应激。那为什么龟鳖会生病呢？从生态学的角度分析，疾病是生态系统失衡的表现，龟鳖生态系统失去平衡就会表现出来，这就是疾病产生的原理。龟鳖的生态系统包括哪些呢？龟鳖与环境的关系就是生态，龟鳖与环境之间构成生态系统，龟鳖体内又有一个微生态系统，保持内外两个生态系统的平衡就是我们进行龟鳖养殖的最高境界。生态调控，保持平衡，对因防治，就是龟鳖产业核心技术。所以，龟鳖养殖者每天都要问自己："今天你平衡了吗？"

二、图解实例

1. 环境调控

　　无论是自然温度养殖还是温室养殖，都是在人工控制条件下养殖的。在常温下养龟鳖，仅温度、空气、自然光照等不是人为控制，其他生态因子主要是人工造成的。龟鳖控温养殖，尤其是全封闭温室，几乎全人工因子，龟鳖的命运掌握在人的手中。龟鳖本来是野生的，能适应大自然生态环境，密度稀，龟鳖对环境可在较大的范围内进行选择。而人工养殖，这种选择的余地就小得多。高温、高密度、高污染就是温室中龟鳖的基本生活环境，龟鳖只能适应，而不能选择，因此对养龟鳖要进行环境调控，时时刻刻从环境与龟鳖病关系的角度去思考，以解决龟鳖病中的疑难问题（图 1-53 和图 1-54）。

　　适当增加食台和休息场所面积，水位由浅入深，温度渐进改变，目的是为龟鳖创造一个稳定、宽松的生态环境。通过内外调控，尽可能减少龟鳖的应激反应，使用无毒副作用、无致畸、无致突变、无污染的维生素、有机硒、消毒剂（如二

图1-53

图1-53　温室养殖
图1-54　自然温度养殖

图1-54

氧化氯、聚维酮碘、臭氧等）。在整个养龟鳖过程贯穿"健康养殖"的思想，正确处理"环境与疾病"之间的关系，多生产绿色食品级健康龟鳖，造福于人类。温室养殖密度大，吃食量大，粪便及残饵在高温下容易腐烂变质，厌氧菌大量繁殖而产生有害的物质和气体，毒害养殖龟鳖。为此，养殖水体应采用微调，经常清除污物，补充新水，定期施用生石灰或二氧化氯消毒。如果采用微生态制剂，要适当减少消毒剂用量和换水次数，充气增氧，保持水溶氧量 4 毫克／升以上。龟鳖用肺呼吸，恶劣的空气对龟鳖的健康有不利的影响，因此还要注意室内通风，保持室内空气新鲜（图 1-55 和图 1-56）。

图1-55

图1-56

图1-55　食台与晒台合一
图1-56　养鳖池中设置增氧机

环境恶化会导致龟鳖疾病。笔者分别在浙江、江苏、湖南和广东等地发现一种曲肢症状的新龟鳖病，就是由于环境胁迫因素引起。这种龟鳖病发生在温室养殖中，死亡率20%左右。其主要特点是：前肢弯曲，不能伸直，后肢正常，其他外表完好；解剖后可见其肺呈灰黑色，糜烂状，肺组织内充满直径为1毫米的小气泡，其他内脏未见病变。龟鳖因前肢弯曲失去活动功能，在水中游泳困难，不能爬到食台上摄食，头部经常伸出水面，有时打转。浙江养殖者向笔者反映，温室池水长期未更换，水质恶化，将污水排出温室外池塘中，出现鲫鱼中毒死亡现象，说明温室内水质已严重败坏，龟鳖已不能正常生存，导致畸形。江苏的养殖者反映情况相似，也是因燃料限制不能经常换水，原来每周换1次水，现在两周才换1次水，尽管采用无沙养殖，但未进行水体微调，残饵粪便聚集，水质变坏。更主要的是温室没有通风设备，又停开增氧机，全封闭条件下造成温室内空气浑浊，进温室投饵人员感到头昏胸闷，显然是水体和空气中氧气极少，氨气、硫化氢、甲烷、二氧化碳等有毒气体浓度较大。在缺氧情况下，条件致病微生物容易繁殖，毒性增强，引起龟鳖中毒。针对这一"环境病"，采取有效措施，使病情得到基本控制（图1-57和图1-58）。

图1-57

图1-58

图1-57　鳖曲肢病
图1-58　龟曲肢病

一是改善生态环境，将温室门、窗口打开，通气，彻底换"等温水"，将病龟鳖挑出，用等温清水暂养，逐步降温后投放到室外专用病龟鳖池，最好是有斜坡的土池，让病龟鳖慢慢爬到土池坡上休息，待恢复体力后自然下水。对温室内病龟鳖池新水，用 0.3 毫克/升低浓度的二氧化氯全池泼洒消毒，48 小时后接种有益微生物 EM，泼洒浓度 10 毫克/升，连续 3 天，维持水体微生态平衡。二是增强抗病能力，对温室内尚未产生病变的幼龟鳖和室外池已恢复体力和食欲的病龟鳖口服抗病中药、维生素和微生态制剂。口服 EM 微生态制剂 2 毫升/千克饲料，连续服用 7 ～ 10 天。此后，较大剂量服用维生素 D、维生素 C、维生素 B_6，以增强体质，提高抗病能力。三是龟鳖苗刚进温室时特别要注意水位的逐步调节，不要一下子太深，应由浅到深，最好设浅水区、中水位区和深水区，以适应不同规格的龟鳖生存。否则，将会造成一定的死亡损失。四是在新池设计时，可增加消毒池，龟从水栖区到陆栖区通过引坡中间的消毒池，达到消毒的目的（图 1-59）。

室外露天池水质管理，每半个月或一个月用 1 次浓度为 25 毫克/升的生石灰泼洒，调节 pH 值至 7.0 ～ 8.0。室外池水色以油绿为佳，水中蓝绿藻较丰富，可增加溶氧。水色半透明，使龟鳖有安全感，减少相互撕咬，以防水霉、细菌等病原感染。

凡是养过龟鳖的土池、水泥池，不论发过病或没有发过病的水体，都有病原体的存在。对土池通常使用生石灰 250 毫克/升全池泼洒消毒，或用漂白粉 20 毫克/升消毒。用生石灰消毒以后，经过 7 天左右，毒性基本消失，此时如果测量表明使用生石灰前后 pH 值相差 1 以内，放龟鳖入消毒池才是安全的。漂白粉消毒后经 3 ～ 4 天，毒性基本消失。还可使用 30 毫克/升的"84 消毒液"对龟鳖池和工具进行消毒，但对龟鳖养殖过程中的池水消毒浓度降低为 3 毫克/升（图 1-60 和图 1-61）。

图1-59

图1-60

图1-61

图1-59　引坡中间增设消毒池（引自许正光QQ空间）

图1-60　使用高锰酸钾对龟进行消毒（引自鸿仔）

图1-61　使用石灰消毒（引自苏州市水产技术推广站QQ群）

2. 结构调控

结构调控是生态调控的手段之一，是提高生产效率的重要途径。在龟鳖生产中，结构调控主要分时间结构和空间结构调控。时间结构调控的典型例子有：避开繁殖出苗高峰，通过早繁技术来获得早苗，从而做到别人没有我有，别人有我多，别人多我精，抢占市场生态位，卖出好价钱，获利丰厚。广西陈金全养殖鳄龟，不断完善成熟的早繁技术，打破时间结构，按照他的思路和和实践，在每年的10—11月开始产卵，到翌年5月产卵结束，2月开始出苗，至7月产苗结束，错开常规的出苗高峰，填补市场空白，获取高收益（图1-62）。核心技术在于将鳄龟冬眠提前，亲龟保温培育，根据鳄龟受精需要一定的环境温度的特点，调整温度，雄龟单养，雌龟移入雄龟池，采用视频监控交配情况，确保受精率。这样做，产卵率、受精率和出苗率普遍提高。

龟鳖的稚幼期控温培育，不仅是打破冬眠，也是时间结构调控的方法，是将龟鳖生长期缩短为经济需要的时间。20世纪70年代，日本进行控温养鳖研究并取得突破，20世纪80年代末日本技术传入中国，20世纪90年代初在全国有条件的地方进行控温养鳖，1995年后逐渐进行控温养龟试验并推广。目前不仅江浙采用系统控温养殖，两广普遍使用这一技术时，改系统加温为局部加温，节能省电，降低成本。系统加温是指整个温室加温养殖，而局部加温是指在保温箱中加温养殖（图1-63）。

图1-62

图1-63

图1-62　2015年11月7日鳄龟开始产卵
图1-63　温室多层结构养殖龟鳖

　　空间结构的调控常见养殖池的结构改变，符合养殖对象的生态习性，便于人工操作，通过调控不断改善生态环境，给予龟鳖最大的生活福利。养殖池有单层、双层和多层之分，在养殖场内栖息区、生活区、产卵区以及泡澡池等都要按比例和规划设计，对于水栖龟鳖类，需要一个东西向的池塘，设置食台、晒背台和产卵区等，还要设置防逃反边等。高密度养殖时可增设增氧机，使用喷泉式或底排管气泡式，目的是通过增氧，强化氧化还原反应，促进有益菌进行微生态调控。在高温季节，水体分层，增氧机开启，可有效地打破热成层（热成层是指夏天水体中的氧气在上下层之间分布不均，一般上层氧气充足，下层氧气含量低，也称"氧债"。），保持水生态氧气上下层均匀，生态系统获得新的平衡。实际分布是渐进式的，水体由上而下，氧气逐渐减少，反之，逐渐增加。这样的分层是多层和渐进的，因此称为"热成层"。

3. 生物调控

生物调控看起来很复杂，实际上是通过龟鳖机体内的生物化学反应，来调节其机体的机能，抵御应激，抗病促长，改善体色等，朝着人们所希望的功能转化，获得健康的龟鳖。

我们在养殖龟鳖过程中，无论在饲料中还是在水体里有意添加维生素、电解质和微生态制剂，这些有益于龟鳖健康的物质添加后，可提高龟鳖抗应激的能力（图1-64）。在饲料中添加生物活性物质，可起到一定的抗病促长作用。鹌鹑是一种小型动物，在菜市场可买到，其体内的性腺被利用起来，添加到龟鳖饲料中，可提高龟鳖交配的频率和受精率。使用鲤鱼的性腺可达到同样的效果。在早繁鳄龟的技术中，可使用刚孵化的被淘汰的小鸡和小鸭作为亲龟饲料。对于黄缘盒龟养殖，选择繁殖季节的青虾和罗氏沼虾，雄性带黄，雌性抱卵，这样的虾含有丰富的自然生物激素，使用后可以促进龟的性腺发育，提高交配频率、产卵率和受精率。判断雄虾是否成熟带黄，主要观察两点：一是头胸部发黄，通过甲壳看到里面暗黄色的阴影，那是性腺；二是看虾的剑突是否呈棕红色，如果是，就表明为成熟雄虾。雌虾是否成熟容易观察，一般抱卵在腹足上（图1-65）。要想多产卵，适当投喂蚯蚓也是一种很好的生物调控方法。不仅如此，当你想使得养殖的黄缘盒龟的后代壳色更红，红面红脖（这些性状的出现，可提高其欣赏价值），获得更高的收益，一般使用天然色素来完成，可在饲料中使用青虾，通过龟吸收虾青素来达到自然着色的效果。有时效果不明显，那是种源问题，虾青素对于安缘来说，效果显著。

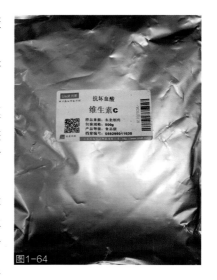

图1-64

图1-65

图1-64　使用维生素对龟鳖进行生物调控

图1-65　使用性成熟虾对龟鳖进行生物调控

在龟产卵季节，因人为摸蛋，不当抠挖，使龟卵异位，出现难产问题，这时可合理使用促性腺激素，用于催产。一般使用 LRH-A，剂量应根据龟的体重和难产的具体情况酌定，参考剂量为 3 ~ 10 微克／千克体重。免疫注射是生物调控的方法之一，根据龟鳖常见病，有针对性地解剖并提取病灶组织，制成灭活疫苗，用于生产中龟鳖免疫防病。疫苗作为抗原进入龟鳖机体后，在免疫系统的作用下产生抗体，这种特异性免疫起到保护龟鳖的作用。

在龟鳖养殖中，为调节生态平衡，我们经常会用到微生态制剂，那么是不是需要不断使用，不管什么情况都要使用呢？微生态制剂对水质究竟有什么影响呢？微生态制剂包括益生菌、益生元和合生素。益生菌顾名思义，就是细菌中的良性菌，是促进微生态平衡的主角。龟鳖体内外都需要益生菌，来维持动态平衡。益生元是什么呢？它是益生菌需要的食粮，比如寡糖。不添加益生元的时候，益生菌会随着粪便排出，留不下来。使用了益生元，那么益生菌满足食物之后，就会大量繁衍，被留下来，以保持消化道有益菌群的稳定。在龟鳖养殖环境中，有益菌与益生元结合起来使用，有益于有益菌的不断繁衍，形成优势种群，抑制有害菌，促进生态系统的平衡，这一点至关重要。失去平衡，就会出问题，表现出龟鳖容易发病。那么，合生素是什么呢？就是将益生菌与益生元复合，开发出来的商品，使用后会得到效果的提升，省工省时，使用极为方便。

正确使用微生态制剂很重要。在龟鳖饲料中的添加，如 EM 有益菌，一般在每千克饲料添加 15 毫升，如果经过活化之后，使用量可增加到 30 毫升，在养殖池中，使用量为每立方米 10 ~ 30 毫升。微生态制剂与绿水无关，有信息说，加入微生态制剂后水色变绿，毫无科学根据。绿水的主要原因是绿藻优势种群形成的良性水质，藻类与氮、磷、硅等有关。常见的有益菌主要有 EM 和硝化细菌，EM 是日本人发明的，10 属 80 多种有益菌及其代谢物的复合；硝化细菌在中国台湾用得比较多，用于水产养殖，作用原理是将氨经过硝化细菌的作用，转化为亚硝酸态氮，进而转化为硝酸态氮。氨是有毒的，经过硝化细菌逐渐转化为无毒的硝酸态氮，促进生态系统平衡。使用微生态制剂还需要注意，不能与消毒剂混合使用，要分开使用。不需要经常使用，可每半个月使用一次。对于小水池或泡澡池，每天都要换水的情况下，一般不需要使用微生态制剂。对于正常水质，龟鳖在比较健康的情况下，一般不需要使用。当水质老化时，换水是调节水质的最重要手段，不要过分依赖所谓的微生态制剂。

利用"免疫多糖"对龟鳖进行生物调控，具有防病促长的作用。主要原理在于，多糖是多聚糖的简称，由 10 个以上的单糖基通过糖苷键连接而成。免疫多糖是天然多糖类化合物中能够调节免疫功能的物质，是众多天然多糖中的一小部分。除了具有增强免疫和抗肿瘤以外，还有多种其他的生物学功效。免疫系统是动物消除病原微生物、消除衰老细胞、消除癌变细胞的防御系统。免疫多糖是选用特异酵母为原料，采用高效破壁和多联酶解等高新技术，经提纯精制而成的水产高效免疫增强剂，富含免疫功能的 β – 葡聚糖和功能性的寡糖。肠道内许多病源菌（如大肠杆菌、沙门氏菌）利用含有 D – 甘露寡糖受体附着于肠道表面，而甘露寡糖可为细菌提供甘露糖源，细菌与甘露糖结合后，失去了在肠道定植的能力，与甘露寡糖一同被排出体外。因此，甘露寡糖使肠道中致病性细菌失去了胃肠道定植的机会，从而优化了动物肠道的菌群结构。使用量：均匀混于龟鳖饲料中饲喂：每千克饲料常规添加量为 1 克，发病治疗用量为 3 ~ 4 克，应激状态用量为 1.3 ~ 2.5 克。全池泼洒：应激状态用量为 1 ~ 1.5 克 / 米^3。无论是拌饵还是泼洒，均可与 Vc 合用（图 1-66）。

图1-66　使用免疫多糖对龟鳖进行生物调控

第二章
龟鳖养殖核心技术

第一节 打破龟鳖冬眠技术

一、专家提示

　　温室养殖具有较大的发展潜力。这是来自日本的 20 世纪 70 年代的技术，这一技术打破龟鳖的冬眠习性，迅速提高生产能力，是龟鳖产业史上的一次革命；90 年代解决了吃鳖难，后来又逐步解决了吃龟难，鳄龟终成"水产猪肉"。不了解这一技术的人，强调生态养殖，好像温室就不是生态，其实是错误的，生物与环境的关系就是生态，同样温室内龟鳖与环境发生关系，也是一种生态。有人说，加温养殖后对繁殖有影响，这是毫无科学根据的。两广地区采用的局部加温方法，是日本技术的延伸，关键是冬眠习性的打破。这种技术一直会被发展下去，对于节能减排的温室，不会被淘汰。比如浙江诸暨金大地试验场的温室大棚未被拆除，原因是他们采用了空气能加温系统，这种节能的温室模式对大气不会造成污染。有人认为温室养殖将会被仿野生养殖取代，其实不然，因为这是两种不同的养殖模式，温室养殖只要不对环境造成污染，可继续存在。温室养殖发展趋势是节能环保，仿野生养殖目标是生产高品质的商品龟鳖，满足不同层次消费需要。

　　龟鳖是一种冬眠动物，温度对其较为敏感。当温度下降到 15℃ 以下时进入冬眠，如果打破冬眠，给予最佳水温，进行恒温养殖，能促使龟鳖进入最快的生长速度。当环境温度突变，温差过大时，会造成龟鳖应激发病死亡。笔者于 2000 年入冬时对美国佛罗里达鳖进行温差实验，实验组温差 10℃ 时将鳖从露天池移入温室，结果 2 周内全部死亡，而对照组无温差投放到温室中全部正常，而且生长良好。龟鳖对水温变化的一般安全范围是，龟鳖苗 ±2℃，幼体 ±3℃，成体 ±4℃。在此范围内能自我调节，如果温差太大，鳖难以调节，将产生一系列应激反应，肾上腺皮质激素升高，内分泌失调，酶系统活性受到影响，免疫力下降等，病原体乘虚而入，易造成急性感染死亡。无论是龟鳖苗进温室的升温过程抑或幼体出温室的降温过程都必须采取渐进的微调方法，放养时需根据天气变化情况选择最佳时机，千万不能忽视温度变化对龟鳖的影响。

二、技术图解

　　温室养殖是设施渔业的组成部分，是现代渔业的方向。目前流行的仿野生养殖代替不了温室养殖，因为温室养殖的核心是控温快速养殖技术，具有周期短、管理便、扩资源、占市场、收效快等优点。温室养殖已形成产业，是许多农民致富的经济支柱，在温室养殖中运用科技手段，进行环境调控、结构调控和生物调控，改善品质，不断满足市场需要。我国龟鳖温室养殖起始于 20 世纪 80 年代末，杭州水产研究所首创温室养鳖试验获得成功，90 年代初期在全国迅速推广温室养鳖，90 年代中期后加快发展温室养鳖的同时大力开发温室养龟，持续发展到今天。温室养殖最大的意义在于迅速发展生产力，扩大龟鳖资源，使龟鳖大众化、市场化、产业化，龟鳖进入普通家庭，进入宠物市场，为生活增添乐趣（图 2-1）。

图2-1　温室养殖已成为新农村建设的亮点

1. 基础设施

　　温室的基础设施包括温室主体架构、保温材料、龟鳖池和辅助房建造（图 2-2 和图 2-3）。温室采用半圆形的立体架构，南北向，拱架和支架使用壁厚 2 毫米的镀锌管焊接而成，宽度 14 ~ 16 米，长度根据需要而定。为增强温室的保温效果，在砖砌墙体中夹 5 毫米厚的保温板，在屋顶的处理中，由里向外分别是网片、保温板、油毛毡、稻草、网片等 5 层。内设两排养殖池，中间走道，养殖池面积每只 30 平方米，走道 50 厘米宽，温室中间高度 2.2 米，两侧墙体高度为 60 厘米。调水池建在进口处第一排至第二排养殖池上方。温室南侧建辅助房，用于设置加温设备、饲料存放、工作室和休息室，温室的进口处开在辅助房内。温室面

图2-2　温室外形结构

积一般为 500 ～ 700 平方米，以 500 平方米温室为例，实用面积 500 平方米，建筑面积 540 平方米，辅助房面积 60 平方米，温室长度 40 米，养殖池长宽高分别为 6 米 × 5 米 × 0.6 米。池底设计成锅底形，便于排污（图 2-4 至图 2-8）。

图2-3　温室辅助房与主体相连

温室有多种结构。早期建造的温室屋顶形状有"人"字形、半圆形，就养殖池结构有单层和多层，屋顶可采用水泥封顶，内设三层池，并采用锅炉加温，这是早期的全封闭构造，这种温室投资大，能耗高，已被淘汰。新式温室采用半圆形屋顶，镀锌管支架，单层池结构，每平方米温室在材料价格不高的地方建造成本仅需 100 元左右，具有投资省、能耗低、操作便等优点，是目前重点推广的新型温室。

温室基础设施的关键：在施工过程中坚持质量，对保温材料采取必要的处理，将泡沫板对接面削成

图2-4　温室内部结构

斜面，用胶水黏结，确保保温效果。养殖池内壁和池底用水泥抹光，防止毛糙的池壁伤害龟鳖体表。在养殖池口面设置防逃反边，压延 8 厘米。在温室的另一端开窗便于通风，在窗户中间安放泡沫板保温，平时不打开，只是在温室内空气浑浊时打开透气。在温室内安装照明灯，使用节能灯多盏，在温室打开有人进去操作管理时打开电灯，平时关闭，给龟鳖制造安静的环境和减少相互撕咬的机会。在温室的外面的辅助房内设置温控仪表和时控开关，便于观察温室气温和水温，定时启动增氧设备。

图2-5　温室屋顶内部

图2-6　温室正在施工中

图2-7　温室中调温池建造

图2-8　温室留有透气窗

2. 进排系统

温室进排水由进水系统和排水系统组成（图2-9）。

进水系统由调温池接出管径50.8毫米的PVC管通达各养殖池，将调好温度的新水送入池中，并设置开关，控制进水量（图2-10和图2-11）。

排水系统由排水管和排水沟组成。从锅底形池底中心排出管道，管径10厘米，经池底暗管至龟鳖池走道一侧出口，外接一只与龟鳖池等高的橡胶皮管，平时将此软管悬挂养殖池外壁，排水时将此管放下，让废水通过走道下面的排水沟流出温室，在排水沟上面放置水泥板，便于走路。龟鳖池中央出水口安装不锈钢栏栅，防止龟鳖潜水逃逸（图2-12）。

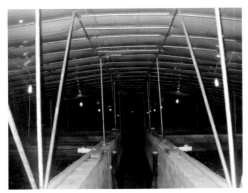

图2-9　温室进排水系统

图2-10　温室中调温池结构

图2-11　温室调温池、进水管与排水管

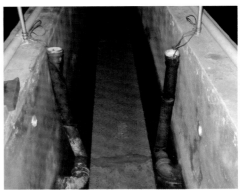

图2-12　温室中排水管放大图

3. 加温系统

加温系统是温室养殖中的关键，采用不同的加温方法，会取得不同的效果。过去采用锅炉式加温，用蒸汽管通入温室加温，投资大，能耗高。新式加温系统主要由加温设备、烟管、抽烟机组成。加温设备普遍使用简易的炉灶，直接将热能通过烟管穿过调温池和温室内，从温室的另一端伸出，连接抽烟机，组成控温系统（图2-13）。为保护环境，可采用空气能加温系统，这种装置不会对环境造成污染，因此不在拆除之列，目前主要在浙江、两广等地区应用（图2-14）。

图2-13　加温设备——简易炉灶

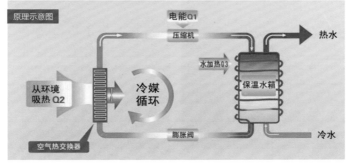

图2-14　空气能加温系统

以普遍使用的炉灶为例，炉灶设置在辅助房内，靠温室外壁，与温室紧密相连，其长、宽、高分别为 1 米 × 0.5 米 × 1.5 米。关键技术在于：①热水自动循环，在炉体上部安装全封闭锅，并在炉体顶部锅内接一根镀锌管直通温室内调水池另一端上面，再由调温池靠外墙的一端下面接出一根镀锌管穿温室至炉体锅内，形成一个水体自动循环系统，当炉体升温时，上端管道将热水压出，经调温池交换水体，达到升温的目的，并由出水管将冷水送至炉体继续加温，由此循环往复；②为调节调温池的水温，在炉体一侧打深井，与水泵连接将深井中的冷水抽上来通过管道输入调温池中，并设置开关，用来调节；③在炉体中直接安装一根烟管经过调温池、温室，最后穿出，在温室另一端安装抽烟机。此外，需安装调温池溢水管控制水位，并安装温度表，通过温感探头深入调温池中，在温室外辅助房中就可直接读出调温池中的水温，便于监测，决定添加或减少调温池的水量，用冷水调和热水，调节温度，当调温池水温与养殖池水温一致时，就可用于换水。同样需要监测温室内气温和水温，一般控制温室内气温 33℃、水温 30℃，最佳恒温下进行快速养殖。不过，不同的龟鳖养殖品种，对最佳生长温度的需要不同，如小鳄龟 28℃、大鳄龟 29℃、黄喉拟水龟 30℃、中华鳖 30.4℃、珍珠鳖 31℃。

烟管架设在温室上方空中，采用直径 20 厘米的不锈钢管，在温室高湿度环境中不易氧化锈蚀。也可采用另类方法：中间走道沿养殖池口压延上面砖砌方形管道，在"方形管"上面加盖铝箔封闭，散热快，对温室进行加温，此"方形管道"一直延伸到温室外，成本较低。烟管与养殖池平行穿越温室，不需要烟囱，减轻环境污染（图 2-15 和图 2-16）。

图2-15 烟管在温室中的排列

图2-16 烟道的另类结构

炉灶使用无烟煤、木材等燃料，根据外界气温变化决定每天的加温时间，炉灶可通过风门控制火力大小，也可烧烧停停，只要保持温室气温和水温恒定。

此外，还可利用太阳能进行加温，是目前用于龟鳖温室养殖的节能先进技术，可减少污染排放（图2-17）。

图2-17　太阳能用于龟鳖温室

4. 增氧系统

增氧的目的是调节水质，延缓水质老化变质。龟鳖在高温条件下，行肺呼吸，对水体溶氧量需求不高，但水中腐败变质的残饵和龟鳖粪便等有机物质分解需要消耗大量的氧气，如不及时进行环境调控，化学耗氧量COD升高，硫化氢、氨气、亚硝酸盐等有害化学物质超标，环境胁迫下龟鳖易产生应激反应，生态恶化对龟鳖生长发育造成严重的损害。因此，设置增氧系统很有必要。

增氧系统由罗茨鼓风机、增氧总管、乳胶支管、气泡石组成。每500平方米温室配制一台1.1千瓦的罗茨鼓风机，此机放置在室外，用防雨布遮盖，避免雨天受潮。增氧总管可用镀锌管、PVC管，支管用乳胶管，气泡石在每只30平方米养殖池中设置8只。增氧机可开24小时，也可在投饵前开2小时，摄食完毕后关闭，具体根据养殖需要安排（图2-18至图2-20）。

龟鳖温室养殖是现代化农业不可分割的一部分，是新农村建设的亮点，是渔业产业链系统中的重要支链。在20世纪80年代末，我国从日本引进的这套控温养殖技术，核心在于打破龟鳖冬眠习性，加速生长，缩短养殖周期，符合市场变化快的特点，增强市场竞争力。龟鳖温室养殖不仅技术含量高，可操作性强，产业化程度高，更重要的是迅速扩大自然资源，提高生产能力，使龟鳖进入普通百姓餐桌，让更多的爱好者欣赏龟鳖的魅力。

温室技术就是控温技术。控制温度符合龟鳖生长需要的最佳温度，并恒温控制，就能找到龟鳖生长快速的关键。龟鳖快速生长后会不会影响肉质，这个问题可用全价饲料与环境调控来解决，在饲料中绝不添加有害物质，不随便使用渔药，杜绝使

图2-18 增氧机安装在温室外面的位置

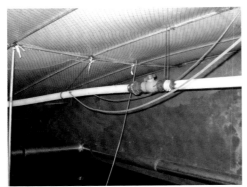

图2-19 温室内增氧总管

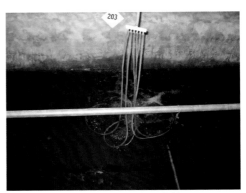

图2-20 用乳胶管制作的增氧支管

用国家禁用药物，按照绿色食品的要求来生产，在产前、产中和产后各个环节进行控制，其关键是龟鳖种苗、水质、饵料、密度、防病药物、饲养管理等方面，建立稳定的质量控制。改善品质的方法还有采取分段养殖法，在温室内养殖至幼体，然后将幼体放到室外进行自然温度下养殖，几个月后上市，此时商品龟鳖肉质与野生的仍有区别，常称半野生。在露天池中进行仿野生养殖时可改喂天然动物饲料，可更好地改善品质，增加野生风味。

　　一般认为，加温养殖后的龟鳖影响性腺成熟，温室龟鳖不能繁殖，其实不然。实践已经证明，巴西龟、乌龟、鳄龟、中华鳖等成体由温室移到室外，经过 2 ~ 3 年时间培育成的亲龟都能顺利产卵繁殖。

　　目前，作为商品龟养殖的品种已有很多，如鳄龟、巴西龟、乌龟、黄喉拟水龟、台湾花龟、珍珠鳖、角鳖、中华鳖等，这些龟鳖主要提供给广州集散市场，全国各大超市都能接受商品鳖、巴西龟和鳄龟等。温室养殖主要在江浙一带，已经形成龟鳖商品养殖特色，产品主要销往广州，已形成产业链，但在浙江由于对大气环境保护，已关闭一部分温室。在两广、海南主要利用当地自然温度较高的条件，进行龟鳖繁殖，在福建、湖南、湖北、江西、山东、河北、山西、陕西、北京等地多开展露天生态龟鳖养殖。温室龟为观赏龟市场提供资源，部分生长缓慢的温室龟作为食品不受欢迎，本来属于淘汰龟，但作为观赏龟可增值。因此，许多农户发现这一商机，有意将温室温度调低，专养观赏龟，将龟苗养成幼龟，满足观赏龟市场需要。

　　温室养殖技术不断提高。温室从原来的三层养殖池，全封闭的温室，水泥板封顶，蒸汽锅炉加温，发展到后来的单层养殖池，半圆形或"人"字形屋顶，使用小煤炉在温室内并联加温（图2-21）。最新的方法采用简易炉灶加温，单层养殖池，半圆形屋顶，采用油毛毡加泡沫板的封顶结构，这种温室投资省、耗能小、造价低，市场竞争力强。新型温室投入运行后2～3年就可收回投资，经济效益显著。目前，更先进的节能环保加温方法是空气能加温系统，已在两广普遍推广，浙江的部分地区也采用了这一技术，因此不在政府强制拆除之列，值得提倡。

图2-21　鳄龟养殖温室

第二节　无沙养鳖新工艺

一、专家提示

　　无沙养鳖技术是20世纪90年代出现的新技术，基于原来的铺沙养殖的一种进步。铺沙养殖由于池底有沙不容易清理，鳖钻进带有大量粪便的沙里，沙子发黑甚至发臭，这样的环境容易导致鳖病发生。无沙养鳖解决了这一难题，关键技术是使用无结网编成的网巢，给鳖增加生态位，鳖喜欢这样的网巢，平时栖息时钻进网巢，摄食时再出来。从而避免互相撕咬，从而建立了一个平衡的生态系统。湖北、江苏、浙江、广西壮族自治区等地都有这样的无沙养鳖场，广西壮族自治区北海读者张正猛等来江浙学习无沙养鳖技术，笔者陪同他们去浙江桐乡参观。他们学到了这一技术，回去之后，做了无沙养鳖池。笔者去北海参观时发现，一排排无结网制作的网巢垂钓在水中，鳖在网巢中安然自得，生态位的增加，给鳖带来生机，也给无沙养鳖带来新的挑战。

二、技术图解

　　温室养鳖池采用传统"铺沙养鳖"的弊病：鳖的排泄物渗进沙中不易清除，形成"臭沙"，造成环境恶化，极利于病原微生物繁衍；水质污染快，换水频率大，耗热能多，生产成本高；鳖钻沙极易擦伤表皮，当病原体感染伤口时，导致疾病。

　　"无沙养鳖新工艺"克服了"铺沙养鳖"的缺点，鳖的病害明显减少，生长良好。江苏泰兴市的周萍应用此工艺后，养鳖换水少，鳖生长快，成活率高达99%。在浙江桐乡的温室养殖中，广泛使用这种无沙养鳖技术，在广西壮族自治区北海露天池同样使用这种无沙养殖技术，都取得显著效果。具体要求：水泥池壁和池底抹光，在食台外原铺沙处，距池底20～30厘米的平面用自来水管或木条搭成框架。再在框架上每隔30厘米平行牵直径为5毫米的尼龙纲绳数根。自制"鳖巢"，结在纲绳上，让"鳖巢"垂散在水中，每隔20～30厘米挂一巢。由于无沙，鳖栖息时自行钻进巢里面或鳖巢上面，摄食时会钻出游至食台。巢与池底留有10厘米左右的空间，因此鳖不易擦伤表皮。从生态意义上讲，鳖巢就是鳖的生态位。

"鳖巢"的制作：鳖巢材料主要有网巢、杨柳根须、棕榈皮和砖块（福建长乐露天鳖池用砖砌成鳖巢）等几种。在水产养殖中，用塑料网片制作鱼巢做为鲤鱼等产卵巢，代替传统的杨树根须比较理想。受此启发，选用塑料密眼无结网片制作鳖巢，简便易行，便于冲洗，可反复使用，在水中不易腐烂，不影响水质；材料来源广，可大批量生产和购买。制作时，采用网目直径为 0.8 ～ 1.5 厘米的无结网，一般采用 1 厘米网目制作，每只网巢采用 40 厘米 × 80 厘米网片。将网片中心局部抓起，并用细绳紧扣，让网片四边下垂形成"鳖巢"。每千克无结网可制作 4 平方米鳖池所需要的鳖巢，因此鳖巢制作成本低。实践证明，无沙养鳖新工艺，既适用于温室养鳖，亦适用于露天水泥池高密度养殖成鳖（图 2–22）。

图2-22　工厂化无沙养鳖

第三节　仿野生龟鳖养殖技术

一、专家提示

　　仿野生养殖是利用自然条件和良好的生态环境进行常温养殖，使用天然饲料或少量使用人工饲料，目的是提高龟鳖商品的品质和价值，满足高层次消费者的需求。龟的仿野生养殖，主要是模拟龟的原产地生态，建立适应龟的习性的环境，一般采用灌木丛、沙土质的地面，设置泡澡池、产卵场、活动区，有条件可设置山丘和一定的坡度，满足龟的生长和繁殖需要。鳖的仿野生环境的设置，一般利用池塘进行改造，泥质的池底和护坡，用网片制作的食台，有条件时设置晒背台，在池塘的一边设立产卵场，在水面上移植水葫芦用于净化水质和鳖的隐蔽，甚至可增设网巢，进行无沙养鳖。稻田养鳖也是仿野生养殖的一种。无论采用哪种方式，都是依据龟鳖习性开展生态养殖，将野生的自然环境模拟到人工养殖中来，龟鳖在优美的环境中获得最大动物福利，提高优质商品产出率和龟鳖繁殖力，增加经济效益。

二、技术图解

仿野生养殖，是实现品牌战略，提高附加值的有力手段。环境选择安静、交通方便、水源无污染的地方，龟鳖池设计成东西向的长方形，坐北朝南设置食台和产卵场，进行露天养殖。在池中种植水草，移植水葫芦、荷藕、茭白、浮萍和水稻等水生植物，用以吸收水体中过多的氮、磷等富营养成分，防止水质老化、产生蓝藻、恶化水质的现象发生。茂盛的植物为龟鳖隐蔽提供了生态位，有利于龟鳖生长发育，减少应激反应。为满足龟鳖晒背需要，可在池中设置晒台，亦可在池中央设置小岛，便于龟鳖上岸休息和产卵（图2-23）。

仿野生养殖使用的饲料尽可能是天然饲料，比如小鱼、螺肉等，也可少量使用配合饲料，养龟使用膨化颗粒饲料；而养鳖一般选用粉状料自制软颗粒饲料，当然也可直接使用鳖用膨化颗粒饲料。全仿野生要求从苗开始养殖至成体的全过程使用天然饲料，全程实现常温养殖；而半仿野生养殖时从苗期和养殖至幼体可使用加温促长的方法完成，而在幼体至成体的养殖移到露天池中展开常温养殖，尽量使用天然饲料，少量使用配合饲料。如果从苗到成体全程使用配合饲料，不是仿野生养殖，而是普通的人工养殖。室外养殖，食台采用窗纱加木框制作。有读者反映，野生龟引进驯养时，发现有偏食的情况，比如有的龟只吃蚯蚓，有的只吃香蕉，是什么原因呢？如何解决这个问题呢？笔者认为，野生龟的偏食都是在野外逐渐形成的，因为在野外没有选择，抓到什么就吃什么，人工养殖时很难改变其原有的食性，顺从是一种方法，如果想改变需要过渡性的食物，就是混合两种食物引诱龟摄食，如果不改变摄食习惯也可（图2-24）。

预防应激是仿野生养殖中不能忽视的问题。当温室鳖转移到露天池的时候，要

图2-23　龟鳖仿野生养殖环境

图2-24　龟鳖仿野生养殖常用的饵料

注意逐渐降温，以避免应激发生；当雷暴雨袭击前后，以及昼夜温差较大的季节，在饲料中添加维生素C，每千克饲料添加3克。笔者在浙江桐乡调查发现，温室鳖转移到露天池，为了降低温室水温，竟然用18℃的河水注入30℃的温室养鳖池，结果造成鳖大量死亡。正确的做法是，关闭加温装置，让温室里的温度逐渐降温，当温度与外界一致时，利用白天下午自然温度最高的时候，将鳖从温室移到露天池。放养时要特别注意，将鳖放在池塘护坡上，让鳖自行下水，而不能将鳖直接倒入水中，因为转群不当会引起严重的应激反应。鳖是一种冬眠动物，温度对其较为敏感，当温度下降到15℃以下时进入冬眠，如果打破冬眠，给予最佳水温30.4℃，进行恒温养殖，能促使鳖进入最快的生长速度。当环境温度突变，温差过大时，会造成鳖应激发病死亡。笔者于2000年入冬时对美国佛罗里达鳖进行温差实验，实验组温差10℃时将鳖从露天池移入温室，结果2周内全部死亡，而对照组无温差投到温室中全部正常，而且生长良好。鳖对水温变化的一般安全范围是：稚鳖±2℃、幼鳖±3℃、成鳖±4℃。在此范围内能自我调节，如果温差太大，鳖难以调节，将产生一系列应激反应，如内分泌失调、酶系统活性受到影响、免疫力下降等，病原体乘虚而入，易造成急性感染死亡。无论是稚鳖进温室的升温过程抑或幼鳖出温室的降温过程都必须采取渐进的微调方法，放养时需根据天气变化情况选择最佳时机，千万不能忽视温度变化对鳖的影响。

　　繁殖季节，仿野生鳖需要加强培育，多使用活性物质丰富并含有性腺的小杂鱼、虾类、螺类等天然饲料，以满足鳖的性腺发育需要。鳖卵的发育一般经过1～5期，最后一期，鳖卵发育成鳖蛋，亲鳖在长江中下游地区于5—8月产卵，两广和海南地区由于气温较高，亲鳖产卵时间提早。产卵后，可用电筒照射鳖卵，识别是否受精。判断的方法是，由于受精后的鳖卵，其细胞核会因为比重的改变，发生下沉现象，照射时发现蛋黄已经下沉，在卵中形成阴影，并且中间出现所谓的"水位线"就是受精卵，将受精卵放入蛭石里进行孵化，一般30℃经过50天就可孵化出来，孵化积温需要36000℃小时（图2-25）。为避免霉菌的感染，孵化介质和鳖蛋都要用克霉唑处理，一般使用0.1%的克霉唑溶液涂抹鳖卵，蛭

图2-25　鳖受精卵在灯光下的观察

图2-26　仿野生养成的商品鳖

石中加入含有克霉唑的水，含水量 7% ~ 8%，控制孵化箱中的空气相对湿度 80% ~ 90%。实际操作，按比例加湿，蛭石与水的重量比例为 1 ： 0.7。

仿野生养殖出来的龟鳖体色透明，碧绿、金黄或亮黑色，具有天然的光泽，解剖可见脂肪呈自然的金黄色。由于是土池养殖，龟鳖的脚趾爪子呈现"扁、尖、黄"的鲜明特点，具有与野生龟鳖一致的生物学特征（图2-26）。

仿野生养殖产出的商品龟鳖，具有很高的食用和营养价值，因此，在终端市场上能卖出好价钱，满足高端消费者的需求。对于身体较弱的人食用龟鳖，可通过免疫系统吸收营养，提高人体免疫力，从而达到辅助治疗的效果。此外，龟鳖具有一定的抗癌作用，原理就是高营养价值的仿野生龟鳖通过人体吸收，提高免疫力，增强人体抵抗力，通过免疫细胞清除受感染细胞核中的病毒，达到治病的目的。而不是说，龟鳖本身具有药用价值。据此，大力推广仿野生养殖，不仅通过品牌战略提高附加值，而且可通过增强免疫力，辅助治疗人类疑难疾病，具有极其广泛的意义（图2-27）。

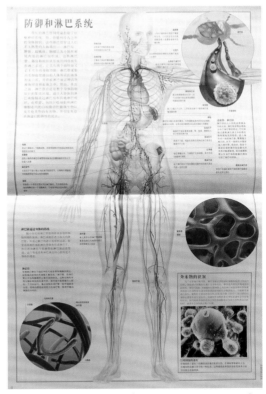

图2-27　人的免疫系统（by Beverly McMillan）

第四节 石龟养殖技术

一、专家提示

　　石龟一般是指黄喉拟水龟的南方种群，又称"南石"，主要分布在越南及我国的两广和海南一带，养殖者众多，已成为当地致富产业。石龟的主要价值是食用，并具有一定的观赏价值，至于药用价值，需要科学论证。石龟种苗的交易已成为每年开盘的热点，养殖者希望涨价，而新人希望低价入门。事实上，种苗供不应求期已经结束，需要向石龟商品开发的方向发展，终端市场的接受和打开，才是石龟发展的根本出路，在商品龟食用的同时，积极开发保健食品，比如用石龟制作龟苓膏、石龟酒等加工产品，适应市场消费需求。

二、技术图解

　　石龟养殖难度不高，因此适合广大城乡居民进行家庭养殖。一般经过3年养成商品龟，6年以上进入繁殖成熟期（图2-28）。养殖环境的设计，因地制宜，室内室外都可养殖，一般龟苗至幼龟加温养殖，成龟使用常温养殖（图2-29和图2-30）。摄食一般选择鱼肉糜和人工配合饲料，可在饲料中添加维生素和电解质，以增强石龟的免疫力（图2-31）。

图2-28　石龟

图2-29　石龟室外养殖

图2-30 石龟室内养殖

图2-31 石龟饲料与添加剂

室内养殖石龟，一般使用养殖专用箱，采用 PVC 或 PP 材料制作，外加保温材料，使用陶瓷灯加热，这样的加温方法笔者称之为"局部加温"（图 2-32）。进入常温养殖阶段，可在室内使用大型养殖箱进行养殖，也可移到室外大型露天池进行养殖（图 2-33）。同样，进入繁殖期的亲龟可选择在室内或室外培育并产卵，平均每只亲龟年产苗 7 只左右。南宁读者蓝色飞舞，于 2017 年 5 月 1 日挖到两窝石龟蛋，一窝 5 枚，一窝 4 枚（图 2-34）。

图2-32　石龟池采用PP板建造
（王剑儒、李红摄）

图2-33　石龟大型室外池养殖

图2-34　南宁读者蓝色飞舞养殖的石龟产卵

石龟孵化使用的介质主要有泥沙、蛭石、珍珠岩等，大多数采用保湿好的蛭石，要求蛭石的粒径为 3 ~ 6 毫米，介质使用前要经过淘洗和消毒处理，晾干后使用。为防止孵化过程中的霉菌感染，需要对蛭石和石龟卵进行消毒，一般使用克霉唑，蛭石使用 1% 的浓度，龟卵使用 0.1% 的浓度涂抹。根据石龟卵的多少，决定使用孵化室、孵化箱或孵化盒。可控温孵化，也可常温孵化。控温 28 ~ 30℃，湿度 80% ~ 90%，蛭石含水量 8% 左右。温度、湿度和通气构成孵化三要素，其中通气最为重要，因此可选择"裸卵孵化"，也可使用"埋卵孵化"方法。石龟属于温度决定型动物，孵化温度决定性别，低于 28℃，雄性几率增加；高于 30℃，雌性几率增加；只有控制在 28 ~ 30℃，雌雄比例基本平衡（图 2-35）。

图2-35　石龟孵化（刘萍摄）

石龟苗进入培育阶段，难点在于容易滋生霉菌，发生水霉病（图2-36）。发生的机理在于，霉菌喜欢低温和清水环境，当水温达到26℃时，每天多次换水保持清水的情况下，水霉病就会发生。解决的根本方法是，在水体中经常加入浓度为0.1%的克霉唑，短时间浸泡，进行药物预防。也可使用生态预防，即接种绿藻的方法，使用露天池塘中绿水进行石龟苗的培育，可有效控制水霉病的发生。

石龟幼龟期养殖的难点在于，容易发生纤毛虫病（图2-37）。这种病发生的机理在于，不及时换水，残饵堆积，腐烂变质，滋生纤毛虫，一种黄色的黏黏的病灶，附着在幼龟体表，好像浆糊。这时需要及时处理，最佳的方法是使用牙刷轻轻刷除病灶，清水冲洗干净，然后用浓度为10毫克/升的硫酸锌涂抹，并用浓度为1毫克/升的硫酸锌全池泼洒。

图2-36　石龟苗水霉病

图2-37　石龟纤毛虫病（廖桂林摄）

石龟成年期养殖的难点在于，忽视应激的发生，尤其是温差应激。应激的机理是，当动物体内平衡受到威胁时所做出的一系列生物学反应，这种反应就是应激反应，应激分良性应激和恶性应激，恶性应激分急性应激和慢性应激。当应激发生时，其肾上腺皮质激素升高，生理紊乱，内分泌失调，酶系统活性受到影响，免疫力下降，病原体乘虚而入，各种应激综合征由此而生。主要表现为眼睛发白，嘴巴张开呼吸，眼皮肿胀，舌苔增厚，眼睛无神，四肢无力，后肢拖拉，行动缓慢，常见无名死亡，外表无症状，解剖发现内脏腐烂变质，肝脏坏死，肺部出现大量气泡（图2-38）。因此，在养殖过程中，注意转群、冲洗、换水、投饵、操作等环节中，尽量避免应激的发生。一旦发生，需要查找应激源，然后对因治疗，而不是对症治疗。这一点特别要强调，对症治疗治标不治本，对因治疗才是解决应激问题的根本方法，治标治本。具体的治疗方法在第三章详细讲述。

亲龟的培育需要注意。加强环境调控、生物调控和结构调控组成的生态调控，具体措施为：室外养殖，石龟需要晒背，调动免疫细胞修复机体损伤，并利用阳光合成钙，以满足甲壳生长需要的电解质。室内养殖需要提供散光环境，开设大窗户，来满足石龟对光线的需求。环境调控的基本要求是环境整洁卫生，生物调控的关键是使用具有活性物质的天然饲料，包括动物性饲料，比如鱼肉、螺肉等。并可使用一定比例的人工配合饲料，以保证营养平衡，尤其是维生素和电解质的平衡。使用配合饲料后，龟不容易缺钙，产卵不会出现软壳。结构调控主要

图2-38　石龟白眼型应激综合征
（南宁素颜龟友摄）

是通过温度和光线的调控，促进早产卵，早出苗，抢占市场，这是时间结构调控。养殖池可以设计成多层结构，充分利用空间，节省土地，集约化养殖，提高生产力，这是空间结构调控（图2-39）。

图2-39　多层结构石龟亲龟培育池

什么是正宗的石龟苗？笔者认为，正宗的石龟苗必须具备下列特征：体色黑、黄、红都可以，但背甲中间的一条脊线前后延伸到底，腹部大块黑斑清晰，其边缘不呈放射状，头部呈三角形，眼睛不鼓，有黑色眼线，头顶有梅花斑点更佳（图2-40）。为加深读者印象，笔者作诗一首：

黑色脊棱，背田纵骋，一杆到底，划线分岭。

三角头骨，视官不鼓，迷人黑线，穿越眼谷。

腹部吻笔，浓墨绘画，清晰大块，浓缩精华。

头顶梅花，越献华夏，点状斑状，有梅更佳。

图2-40　广西石龟苗（左排图）和越南石龟苗（右排图）（越南石龟苗由黄凉摄）

第五节　黄缘盒龟养殖技术

一、种群区别

　　黄缘盒龟主要有安徽种群、台湾种群和琉球种群，常见前两种。黄缘盒龟一般特征：头部光滑，颜色丰富多彩，侧面是黄色或黄绿色，头顶是橄榄色或棕色；吻前端平，上喙有明显的钩曲；背部为深色，高拱形，上有一条浅色的带状纹，有些有中肋纹，中肋线的颜色会随年龄增加而退化。每片盾片上的年轮清晰可见，缘盾的颜色是黄色的，它的学名由此而来。腹部黑褐色，边缘黄色。胸腹盾之间具韧带，前后半可完全闭合，四肢上鳞片发达，爪前 5 后 4，有不发达的蹼，尾适中。三大种群的判别主要根据体型偏圆或偏长、背部高与低、脊棱黄线连或断、壳面纹路密与疏、颈部的颜色渐进或断色、眼后黄线色调与黑框、盾片上玫瑰红或古朴色等外部特征进行判断，笔者研究认为可从 12 个方面进行区别（表 2–1）。

表 2–1　黄缘盒龟三大种群的主要区别

生物特征	安徽种群	台湾种群	琉球种群
体型	偏圆	偏长	偏长
头部背面	古铜色	青色	青灰色
眼后U线	哑黄色，黄黑色带区分明显，呈细长形状	柠檬黄色，黄黑色带区分不明显，呈锯齿形状	哑黄色，黄黑色带区分明显，呈细长葫芦状
面颊	黄色或橘红色	夹死白，部分龟黄色甚至红色	黄色，部分橄榄色或青灰色
脖颈	颈部黄或红色，脖子褐色泛红	高背龟颈部黄，脖子黑色，形成"断色"；低背龟颈脖全红	颈部黄，脖子黑色，形成"断色"
背甲形状	隆起较高，且位置靠后，俯视前端微窄的椭圆形	一般隆起较低，且位置居中，俯视呈椭圆形，部分龟隆起较高	一般隆起较低，且位置居中，俯视呈椭圆形
甲壳纹理	生长纹理细密深刻	生长纹理较粗，层叠状	生长纹理较粗，层叠状

生物特征	安徽种群	台湾种群	琉球种群
背甲颜色	较深,棕褐透着暗红,呈古朴色	较浅,棕褐透着暗黄,部分龟暗红,多数盾片现"玫瑰红"	较浅,棕褐透着暗黄;部分龟较深,盾片中央现"暗黄"
背部脊棱黄线	一般相连,部分断续	高背龟不连,低背龟相连	一般相连,部分断续
背甲纵棱	1条	1条或3条	3条
腹部颜色	一般黑色	一般暗黄,部分龟黑色	灰黑色
四肢颜色	灰黑色	灰色	黑色

黄缘盒龟的安徽种群和台湾种群外表特征重复的较多,因此采用一般的方法难以区分。但是有一个典型的特征两者相异,就是笔者经过反复观察得到的一个结论:最重要的特征是看龟的眼后黄线颜色,安徽种群是哑黄色,有黑框;台湾种群是柠檬黄,无黑框。目前台湾种群分三种:分别是高背黑脖型、中背黄脖型和低背红脖型。而琉球种群的主要特征是背甲具有三条纵棱(图2-41至图2-45)。

图2-41 黄缘盒龟安徽种群

图2-42 高背黑脖型台缘

图2-43 中背黄脖台缘（广州小谭摄）

图2-44 琉球黄缘盒龟（by YUJL）

图2-45 低背红脖型台缘

二、技术图解

1. 摄食习性

黄缘盒龟属杂食偏动物食性。最爱摄食蚯蚓、青虾、黄粉虫和野草莓。常见食物还有牛肉、牛肝、瘦猪肉、馒头、米饭、香蕉、西红柿和配合饲料等。从稚龟到成龟均喜欢的食物是黄粉虫和蚯蚓。一般用黄粉虫、蚯蚓或配合饲料作为稚龟的开口饲料。对于亲龟，可以用龟的膨化饲料部分代替动物性饲料。对于各个阶段的龟可用鳖的粉状配合饲料制作成软颗粒投喂，也可使用龟的膨化颗粒饲料。采用食物转化的方法，增加食物营养，使用苹果、奶粉或配合饲料喂黄粉虫，再用黄粉虫喂龟。采用食物链加环的方法，使用牛粪培育蚯蚓，再用蚯蚓喂龟，因牛粪不能直接喂龟，加入蚯蚓这一环节，使龟获得高蛋白饵料。对于龟苗使用蚯蚓饲喂时要注意，要将蚯蚓剖开，去内脏并清洗，将干净的蚯蚓投喂黄缘苗。据笔者观察，黄缘盒龟更喜欢黑蚯蚓，喜欢活体黑蚯蚓，由于黑蚯蚓具有一种异常的腥臭味，这可能是吸引黄缘盒龟的缘故。蚯蚓含有蛋白质和蚓激酶等，营养丰富，使用蚯蚓培育亲龟，有利于提高产卵率和受精率。蚯蚓培育关键技术是：建立阴暗、潮湿、温暖的安静环境；使用通气的牛粪作为蚯蚓的饲料；疏通排水沟，防止雨天积水；定期采集蚯蚓，捕大留小（图2-46）。

图2-46　黄缘盒龟杂食性

2. 记忆识别力

黄缘盒龟具有一定的记忆力。发现这一特点的是苏州王生，他在自家天井里散养黄缘盒龟多年，习惯在吃晚饭的时候将餐食扔到门外地上，让龟自行捡食，形成习惯后，数十只黄缘盒龟每天下午 17:00 准时来到餐厅门口寻食，完毕后自行散去，数年如此（图 2-47）。湖州雷生也证实这一点，野生黄缘盒龟引进后，第一次给予食物的地方，它会记住，下次还会到这里来觅食。黄缘盒龟具有一定的识别力，能对食物进行鉴别。人工养殖时发现，对有毒的野果它不会去摄食。在野外，黄缘盒龟对山上野果是否有毒，具有高度的敏感性，否则山上那么多有毒野果随便吃，很容易被毒死。在香蕉、精猪肉等食物中添加药物，它一般不会摄食。

图2-47　苏州王生养殖的黄缘盒龟定时觅食

3. 繁殖习性

安徽种群黄缘盒龟交配主要在春秋两季，以秋季为盛（图 2-48）。产卵时间：一般 5 月上旬至 7 月中旬，因气候变化等原因，产卵期会相应改变，最早开始产卵 5 月 7 日，最晚开产 6 月 1 日。产卵次数：一般 2 次，如果培育得好，可以产 3 次，两次间隔时间 15 ~ 20 天。第一次产卵 3 ~ 5 枚，以 4 枚几率高，约占 60% ~ 70%；第二次 2 ~ 3 枚；第三次 2 枚。每窝产卵数量越多，受精率越高，产卵数量越少，受精率越低，如果一窝产卵只有 1 枚，基本上不受精。一般来说，当年产卵多的龟，下年停产，每年约有 80% 的龟产卵，20% 的龟停产。野生龟引进后，当年一般产卵 2 枚左右，5～6 年适应环境后，达到产卵高峰期。两个种群产卵习性不同：安徽种群产卵具有一定的规律，一般来说，产卵从 17：00—21：00，如果是雨天，湿度较大的天气，产卵会提前，从 15：00—17：00。台湾种群就没有这一规律，不定时产卵。从产卵挖窝的习性比较，安徽种群一定要挖窝产卵，而台湾种群挖窝较浅或不挖窝就产卵。台湾种群最迟产卵可以延续到 7 月 20 日，而安徽种群一般在 7 月 15 日左右结束产卵期（图 2-49 和图 2-50）。

图2-48　黄缘盒龟交配

图2-49　黄缘盒龟产卵

图2-50　黄缘盒龟的一窝卵

4. 温度需求

黄缘盒龟对温度有一定的需求，反应敏感。在最低活动、冬眠临界、越冬死亡、冬眠苏醒、春天开食、夏眠等各阶段，对温度的要求都有一定规律性。观察发现，安徽种群和台湾种群对温度的要求不一样，年摄食生长期和停食冬眠期也不同，观察项目有13项，得到的数据对养龟生产非常重要（表2-2）。最低摄食温度、最低活动温度和停止活动温度等是对龟冬眠前的行为观察。安徽种群与台湾种群的最低活动温度（12℃，20℃）、停止活动温度（10℃，18℃）和冬眠临界温度（8℃，15℃），两者相差均为8℃左右。安徽种群与台湾种群最低摄食温度（20℃，25℃），两者相差5℃。研究表明：安徽种群和台湾种群对安全越冬温度范围分别是4～8℃和8～15℃。研究结果有助于在生产中随时根据黄缘盒龟的生态习性中对温度的需求，确定安全越冬温度范围，采取必要的技术措施，以符合其生态习性，提高越冬成活率（图2-51）。

表2-2　黄缘盒龟生态习性观察

观察项目	安徽种群	台湾种群	种群差异
最低摄食温度（℃）	20	25	5
最低活动温度（℃）	12	20	8
停止活动温度（℃）	10	18	8
冬眠临界温度（℃）	8	15	7
越冬安全温度（℃）	4	8	4
最低生存温度（℃）	-1	4	5
越冬死亡温度（℃）	-4℃	3	7
冬眠初醒温度（℃）	10	16	6
普遍苏醒温度（℃）	22	18	4
春天开食温度（℃）	24	20	4
夏眠临界温度（℃）	35	—	—
年摄食生长期（天）	170（苏州）	250（中山）	80
年停食冬眠期（天）	195（苏州）	115（中山）	80

图2-51 黄缘盒龟冬眠苏醒

5. 回归自然

安徽种群：回归自然是黄缘盒龟的生态习性之一。在自然环境中，黄缘盒龟适合亚热带气候，栖息在丘陵山区的林缘、杂草、灌木、树根底下和石缝等僻静的地方，活动在阴暗、潮湿、近溪水之处。喜欢散光环境。在野外发现，黄缘盒龟喜欢隐藏在烂树叶内，以摄食其中的有机碎屑为生。在养殖时发现，黄缘盒龟喜用鼻子顶着墙面或头部钻进石缝内栖息，寻求安全感。这些现象表明黄缘盒龟有回归自然的习性。有养殖者将黄缘盒龟病龟吊挂在井内水位上面一段时间，有些病也能自愈。表明其具有一定的免疫力和自愈力。有人将孵化出的黄缘盒龟苗放在烂树叶中，不喂食，结果龟苗也能长大，这是模拟自然生态中黄缘苗在烂树叶中以有机碎屑为食的方法，结果生长良好。在越冬时将黄缘盒龟放在烂树叶上面，再在龟身上覆盖稻草，模仿龟自然越冬，效果较好。这些方法均表明黄缘盒龟养殖需要回归自然，应创造假山、林缘、草坪和溪水等自然景观，在养殖环境中适当给予土质活动场所，采取各种顺其自然的方法，是生态养龟的精髓。因此，在养殖环境中模拟自然生态，使用沙土地面，栽种草坪和小树林，有利遮阴降温，设置龟窝、泡澡池和产卵床，给予足够的活动空间，为龟创造良好的生态位（图2-52）。

台湾种群：在台湾地区，台湾种群被称为黄缘闭壳龟，俗称"食蛇龟"。台湾学者陈添喜研究认为，其早期被认为是半水栖种类，但后来的研究皆发现属陆栖性

图2-52 安徽黄缘盒龟原产地

淡水龟；主要栖息在海拔较低丘陵地区之阔叶林或次生林及其边缘环境，部分靠近海边之海岸林亦可发现，于干季或冬季会于湿度较高的溪旁活动。活动属日行性，于气温较高的夏季偏向晨昏性。其活动与栖地利用有明显季节差异，春末及夏季（产卵季），雌龟会迁移至树林边缘，产卵季过后又回到树林底层活动。通常活动范围并不大，且活动范围极固定。过去山上常见到食蛇龟，每次下雨天拿着水桶外出，几乎都可以捡回一整桶食蛇龟。后来山产店盛行，山上开始出现捕龟人，捕捉食蛇龟贩卖，还训练"猎龟神犬"捕龟。后来山中梯田开辟为果园，到处开挖马路，龟类的栖息地遭到破坏，在几年时间内数目急剧减少，现存的龟类数量已经不到过去的1/3。台湾成功大学蔡继锋硕士研究认为，食蛇龟整年均在森林内部活动，并且避免进入开阔地区（槟榔园或废耕地），从 3—10 月间，个体多使用灌丛和落叶层作为活动的栖地，进入 11 月以后，多数则被发现迁移进溪谷且以其作为过冬的场所（图 2-53）。

图2-53 台湾黄缘龟的野生环境

6. 饲养管理

（1）清除残饵：当黄缘盒龟冬眠初醒的时候，由于气温不太稳定，不少黄缘盒龟食欲不强，摄食挑剔，给予香蕉、牛肉、青虾和蚯蚓等，都是吃一点点。这时残饵就容易被苍蝇叮咬，如果不及时清除残饵，黄缘盒龟吃下去就会生病。因此，当投饵过后2小时没有吃光，甚至黄缘盒龟看看残饵，自行跑开，不感兴趣的样子，此时必须捞出残饵，清洗后包装好进冰箱，下次取出后经过常温等温后再投，以减少浪费。黄缘盒龟的食性比较杂，每个龟食性各异，有的喜欢吃蚯蚓，有的喜欢西红柿，有的只吃牛肉，还有的就喜欢青虾，等等。因此，要注意饵料种类的多样化，以满足各种习性的黄缘盒龟都能吃到自己喜欢的食物。为实现自动化管理，笔者安装了一种适合黄缘盒龟养殖的自动投饵机，雨天防水，主要用于投喂配合饲料（图2-54至图2-56）。

图2-54　黄缘盒龟摄食虾

图2-55 黄缘盒龟摄食配合饲料　　　　图2-56 黄缘盒龟养殖自动投饵机

（2）及时换水：换水是解决水质污染的主要途径。不要依赖微生态制剂，不换水，水质会变得灰黑，甚至恶臭，尤其是龟在饮水槽中泡澡、大便过后，水质严重污染，盛夏时节，水体更容易变坏，饮用变质的水，龟就容易发病。因此，及时换水就变得非常重要，保持水体清新，让黄缘盒龟饮用干净的水，就会减少疾病发生的机会，也是减少脂肪代谢不良症的有效措施。当龟饮用脏水后，一般两个月后发病，出现四肢肿胀，晚期全身浮肿，出现腹水，最后死亡。这是管理不当，饮用水不能及时更换引起的常见病。所以，泡澡池和饮用水池的水保持干净卫生，是养龟中必须要遵守的基本原则。"病从口入"说的就是这个道理。为解决及时换水问题，笔者设计了一套定时自动换水系统，已申请国家专利（专利申请号：ZL 201720682833X）。本实用新型属于水产自动化生产领域，具体涉及龟池定时自动换水系统，包括定时自动排污装置；定时自动进水装置；便于排污的锅底形龟池。并设计冲洗装置，在运行时形成漩涡搅动污物，促进排污。根据养龟池污染情况每天可设置多组换水指令，定时自动执行。设计合理，静音运行，安全可靠，节能环保，使用方便，自动化程度高，易于大规模地推广和使用（图2-57）。

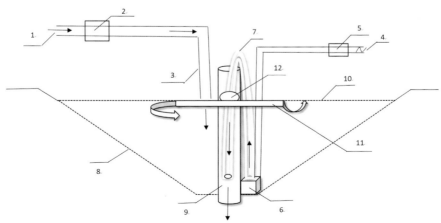

图2-57 龟池定时自动换水系统

（3）孵化技术：为提高交配成功率，从环境调控入手，建立散光环境，并采用喷淋的模拟人工降雨措施，促进黄缘盒龟的交配频率。为提高受精率，可以投喂一些有利于性腺发育的食物，比如蚯蚓、鲤鱼脑垂体、带"黄"的性成熟罗氏沼虾等，坚持投喂，可以有效地提高受精卵比例。孵化时需要注意三点：一是三要素，就是温度、湿度和通气；在此基础上，需要注意第二点，就是采用的孵化介质必须清洗和暴晒，以"捏起成团、放开即散"为最佳湿度；三是将未受精卵及时剔除，否则易变质污染其他的受精卵。在孵化过程中还要注意湿度的前期偏湿，后期偏干的调节，后期不能多洒水，防止出现龟卵爆裂的现象。刚孵化的龟苗要浅水养殖，试用配合饲料、黄粉虫和蚯蚓开食，特别注意要选择干净卫生的蚯蚓，防止携带寄生虫和细菌。黄缘盒龟自然孵化，一般需要 78～83 天的时间，如果采用控温孵化，时间会缩短。控温孵化，可抢占市场；而自然孵化，可自己留种，培育成亲龟，雌雄比例相对平衡一些。有读者提出龟的错甲问题，错甲是一种盾片的变异现象，主要是先天引起，如果孵化出来就有错甲就是先天因素，如果养殖一段时间出现，则是后天因素引起。后天因素主要与药物和饲料有关，比如使用了多量的高锰酸钾浸泡，过多地补钙，饲料配方不正确，电解质不平衡，就是矿物质与微量元素添加比例不对，都可能造成错甲，已经错甲的很难纠正。因此，要避免近亲繁殖，不用错甲的龟制种，杜绝滥用和超量使用药物，饲料中注意营养全面，尤其是电解质的平衡。此外，如何判断是否受精？当黄缘盒龟产卵后，用灯光观察，可以发现龟卵的细胞核因受精后，比重增加，出现下沉现象，就是所谓的"水位线"出现（图2-58 至图2-61）。

图2-58 黄缘盒龟孵化

图2-59 灯光检查黄缘盒龟受精卵

图2-60　黄缘盒龟苗

图2-61　错甲黄缘盒龟苗

第六节　黄额盒龟养殖技术

一、养殖难点

　　黄额盒龟多姿多彩，俗称"花背盒龟"，常见黑头、黄头和红头三种，观赏价值很高。它是世界上龟类养殖难度最大的品种，没有之一。这是因为其在养殖过程中经常出现暴毙的现象，被称为"暴毙王"。一般驯养3年以上才能基本稳定下来，也就是说在3年内说死就死。那么，为什么会出现这样的情况呢？这是由于此龟对环境要求苛刻，消化机能较弱，要么不张口，要么贪食。很多龟胆子小，见人就缩头。暴毙的主要原因是从野外抓来的龟，在转运暂养中，温差刺激，粪便和残饵不及时清理，凉水冲洗，包装挤压，加冰运输，人为注水等环节，不断累积应激，当龟不能自身调节时就会转化为恶性应激，常见应激后体表无症状，内脏已坏死。当我们在养殖中看到龟上午还好好的，下午突然暴毙，那是已经累积应激时间很久，肝脏和肺脏功能衰竭。死后解剖发现，内脏糜烂。

二、技术图解

　　黄额盒龟可以用"脆弱的美丽"来形容。赞美此龟，笔者用一首诗来描述：红头傲群胜三线，黄额指点龟江山，雍容华贵自天成，金头红霞彩云飞（图2-62和图2-63）。依据其主要特征，笔者将其分为红头型、黄头型和黑头型（图2-64至图2-66）。按照生物学分类，分为黑腹亚种、布氏亚种和图画亚种（图2-67至图2-69）。

　　黑腹亚种（cuora galbinifrons galbinifrons），顾名思义，这种龟的腹部不仅是纯黑色的，而且它的体形和其他两个种比起来体形要长，背部也没那么高，这也是它最好区分的特征。黑腹亚种主要分布在越南北部（河内）的山区，它不需要特别高的温度，最高不要超过32℃，最低不要低于10℃。

　　布氏亚种（cuora galbinifrons bourreti），主要分布在越南中部，北部也有分布，由于从表面看它与图画亚种比较像，所以大家最容易搞混，但通过仔细观察还是有别于图画亚种。不过，到老年期的布氏亚种和图画亚种还是很难区分的。

图2-62　雍容华贵自天成，金头红霞彩云飞

图2-63　红头型黄额盒龟

图2-64　红头傲群胜三线，黄额指点龟江山

图2-65　黄头型黄额盒龟

图2-66　黑头型黄额盒龟

图2-67 黑腹亚种

图2-68 布氏亚种

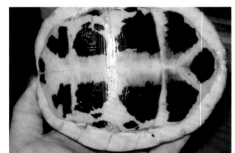

图2-69 图画亚种

　　图画亚种（cuora galbinifrons picturata），主要分布在越南的南部，因此需要的温度是最高的，基本要保持30℃左右，在三个亚种中也是最难开食和胆小的。养这种龟的关键就是要掌握好湿度（80%～90%）和温度（27～28℃）。

　　目前，国际上尚不承认海南黑腹亚种，这种龟称为"海南闭壳龟"，其腹部灰黑偏黄，生长线两边发白，不像越南黑腹亚种的腹部是纯黑色的，海南黄额盒龟常见黑头型。具体来说，海南闭壳龟（C. g. hainanensis），在我国海南也有黑腹分布，头部黑色，它和越南黑腹亚种有所不同，其腹部不是纯黑的，当中的生长线两边是白色的。由于国际上并不承认海南黑腹亚种的存在，故而将其并入越南黑腹亚种。这种龟的头部几乎都是黑色的，只有少部分是黄头型的。此外，有一种锯额杂交龟，琼崖闭壳龟（C. serrata）即所谓的黄额闭壳龟锯缘亚种（C. g. serrata），则被 Stuart & Parham（2004）的研究重新证实，是一个亲本分别来自黄额闭壳龟模式亚种与黄额闭壳龟布氏亚种（Cuora "serrata" originates from both female Cuora galbinifrons galbinifrons & Cuora galbinifrons bourreti）的混合杂交个体群。亦不单是王雷（2008）提到的，Parham et al（2001）认为黄额闭壳龟锯缘亚种是由锯缘闭壳龟与黄额闭壳龟的杂交种。

笔者查阅国外资料，对黄额盒龟的介绍是：黄额盒龟又叫花背箱龟，主要分布在越南和中国南部山区，是亚洲箱龟中偏陆栖龟类。主要特点是其具有铰链状的腹甲，并用以支撑身体。这种龟整体构造方面最有趣的是其独特的外壳，在坚硬的外壳里面包裹着柔软的身体，里面有三腔心的心脏（三腔心：一种发育异常，只有一个心室和两个心房，缺乏室间隔，爬行类一般是两心房和两心室，两栖类一般是两心房和一心室，黄额盒龟属于爬行类，但其心脏发育不完全，类似于低等的两栖类）。其实，在其隆起的背甲上肋盾和整个背甲盾片上具有丰富多彩的斑纹，但裸露在外的盾片容易受伤并会产生病害。角蛋白是一种像人类头发和脚趾的纤维蛋白组成，

龟类的喙、盾片、爪也是由角蛋白构成。就箱龟而言，背甲与胸甲直接相连，其他龟类可以由背甲与腹甲之间有一种叫"桥"的结构连接。龟苗随着年龄的增长其盾片的边缘向心出现年轮，这种现象随着生长像气球那样不断伸展。龟板和盾片的平衡生长对于正常的龟壳形成是重要的，不适当的饮食与低湿度可能引起生长不平衡并导致畸形发生（图2-70）。

图2-70　国外关于黄额盒龟的研究资料

黄额盒龟的习性：黄额盒龟陆栖性强，黄额盒龟一般生活于山区中高海拔雨林中，喜温喜湿。在旱季生活于郁闭度（注：郁闭度是指森林中乔木树冠遮蔽地面的程度）大于85%的微生境，而在雨季偏好郁闭度大于65%的微生境；落叶厚度大于或等于30厘米、落叶盖度大于90%，海拔高度为700～1 300m的山区常绿季雨林。喜温喜湿，并不是越高

越喜欢，而是要适当控制在一定范围内，通常温度为 27 ～ 28℃、湿度 80% ～ 90%。人工养殖时尽可能营造适合黄额盒龟生活、生长与繁殖的良好环境（图 2-71 至图 2-74）。黄额盒龟属杂食性，对牛肉、蚯蚓、香蕉、草莓、西红柿、南瓜、胡萝卜等都会摄食（图 2-75 至图 2-80）。活动规律，一般 11 月中旬开始冬眠，4 月中旬所有个体结束冬眠。越冬温度一般不要低于 10℃。黄额盒龟在厚厚的落叶层下能减弱低温对其的影响。

图2-71　黄额盒龟养殖环境之一

图2-72　黄额盒龟养殖环境之二

图2-73 黄额盒龟养殖环境之三

图2-74 黄额盒龟养殖环境之四

图2-75 黄额盒龟摄食配合饲料

图2-76 黄额盒龟摄食西红柿

图2-77 黄额盒龟摄食蚯蚓

图2-78 黄额盒龟摄食南瓜

图2-79 黄额盒龟摄食白菜

图2-80 黄额盒龟摄食牛肉

黄额盒龟容易出现死亡的原因分析：①打水：在越南，黄额盒龟在被走私过程中被注水，以增加龟体重。胃部膨胀，难以排泄，内脏被挤压，细菌感染。②加冰：高温运输加冰，以降低温度。产生恶性应激，导致肝脏变黑，肺部气肿，呼吸衰竭。③药引：捕捉中使用药物引诱。引起龟的慢性中毒和累积应激，毒素难以排除，引起机体代谢紊乱，肾上腺皮质激素升高，体质下降，病原感染，内脏腐烂，最后突然死亡；甚至 2 ～ 3 年后，会发生无名死亡（图 2-81 至图 2-83）。

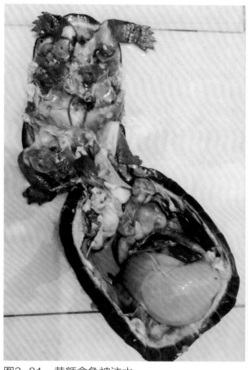

图2-81　黄额盒龟被注水

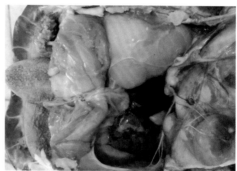

图2-82　黄额盒龟被加冰运输

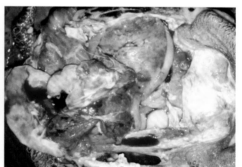

图2-83　黄额盒龟被药捕

　　黄额盒龟很美丽，颜值很高，是世界上最漂亮的龟之一，但其生命很脆弱，究其原因是种源问题，人为的打水、加冰、药引等都会带来致命的应激。繁殖是多少问题，种源是生死问题。它是"万人迷"，又是"万人恨"，因此有"暴毙王"之称。但是，这不能怪其本身，因为它只要健康，可以吃平常的食物，可以与人互动很好。那它为什么容易死？说到底，主要是人为因素造成的。因此，黄额盒龟的驯养短期内不能减少暴毙率，良好的种源与解除应激技术才是关键。

对于龟白眼病来说，很多人束手无策。白眼是应激综合征的晚期症状，并非一般意义上的白眼，对症治疗难以奏效。笔者根据龟的发病原因，正确诊治，采用对因治疗是解决此类疾病的有效方法。北海一位龟主养殖的黄额盒龟，由于在运输途中被加冰，产生应激，后来经过一段时间的驯养，通过改善环境，使用药物解除应

图2-84　黄额盒龟白眼型应激综合征治疗前

激等方法，一段时间龟的状况比较稳定，也能摄食。但秋季到来，气温开始不稳定，昼夜温差较大，引起龟产生新的应激，导致白眼症状出现。根据这种情况，找到原因后，龟主在笔者的指导下，对因治疗，选用针对性强的药物，破解了这一难题。只注射一针，一天后，白眼症状消除，3天后恢复摄食（图2-84和图2-85）。

图2-85　黄额盒龟白眼型应激综合征治愈后

图2-86　黄额盒龟交配繁殖

图2-87　黄额盒龟孵化（啊洪摄）

　　春秋季是黄额盒龟的交配季节，其他时间偶尔有交配活动，以秋季为盛。在秋季，黄额盒龟交配活跃，因此，要保持环境安静，模拟热带雨林的高湿环境，使用人工降雨，有助刺激黄额盒龟的交配行为发生。黄额盒龟产卵较少，孵化时间较长，一般需要100天左右才能自然孵化。可使用孵化箱进行孵化，选择蛭石作为孵化介质，保持温度28～30℃，湿度80%～90%，蛭石含水量8%左右，可采用"裸卵孵化"方法，以保证通气（图2-86至图2-88）。

图2-88　黄额盒龟产卵

第七节　鳄龟早繁技术

一、专家提示

鳄龟就品种分为大鳄龟和小鳄龟，小鳄龟细分为四个亚种。我国于 1997 年正式从美国引进鳄龟，农业部发文支持和推广小鳄龟养殖。笔者曾接受央视专访，并播出"带你去认识鳄龟"和"鳄龟温室养殖"。鳄龟在不同地区有不同的养殖模式，利用自然优势，江浙一带主要从事温室养殖商品龟，而在两广和海南一带专门从事鳄龟繁殖。随着科技的不断进步，鳄龟早繁技术日趋成熟，早苗抢占市场，高价格，高附加值，高收益。鳄龟养殖发展，经历了种苗依赖进口、自给生产种苗、利用佛罗里达亚种的头部爆刺特征炒种、回归理性由市场调节、打开终端市场等阶段。鳄龟的饲料报酬很高，使用高品质的配合饲料，饵料系数最低可达到 1，就是每增重 1 千克鳄龟，消耗饲料仅为 1 千克。鳄龟已在北京、上海、江苏、浙江、两广、海南等地广受消费者的欢迎，其价廉味美，笔者称之为"水产猪肉"。鳄龟营养丰富，食用后，可提高人体免疫力，病人可用于康复辅助营养品。城市居民可用玻璃缸养殖鳄龟，不仅具有观赏价值，并可养成商品龟滋补家人。农村有条件的地方可进行仿野生养殖，提高鳄龟的品质，满足高层次消费者的需求，取得高效益。鳄龟将会以活体或分割小包装的形式逐渐进入全国各大超市和菜市场，北京、广州和苏州等地的饭店已将鳄龟作为招牌菜。价格不是问题，大众受惠才是硬道理。

二、技术图解

1. 鳄龟分类

鳄龟隶属于动物界（Fauna）、脊索动物门（Chordata）、脊椎动物亚门（Vertebrata）、爬行纲（Reptilia）、龟鳖亚纲（Chelonia）、龟鳖目（Testudormes）、曲颈龟亚目（Cryptodira）、鳄龟科（Chelydridae）、鳄龟属（*Schweigger*）。大鳄龟学名：*Macroclemys temmincki*，英文名：Alligator Snapping Turtle；小鳄龟学名：*Chelydra Serpentina* sp.，英文名：Common Snapping Turtle，小鳄龟 4 个亚种分别是：

①acutirostris 南美拟鳄龟，又称假鳄龟，南美亚种，产于巴拿马至哥伦比亚地区。下颌有 3 对须状突起，前 1 对大，后 2 对细小。颈部突起较钝。尾部 3 列突起明显。侧腹、四肢突起非常多。②osceola 佛州拟鳄龟，佛州亚种，它能增长到 17 英寸[①]、体重 45 磅[②]。产于美国佛罗里达半岛。颈部突起多且尖利。头部较尖细，眼睛距吻端较近。尾部中央突起较大。第二、三椎盾几乎等大。背甲呈长椭圆形，前窄后宽，后部呈明显锯齿状。③rossignoni 中美拟鳄龟，又称啮龟，罗氏亚种。是 4 个亚种中最稀少的亚种。产于墨西哥至中美洪都拉斯地区。头部较宽，头背部较平。下颌有 2 对须状突起。颈部突起尖锐。背甲近于长方形。第三椎盾最大，占背甲长的 25%。腹甲前段占背甲长的 40% 以上。④serpentina 北美拟鳄龟，又称磕头龟，鳄龟的模式亚种。加拿大南部到美国南部广泛分布。背甲近乎原形，后部几乎不成锯齿状。第三枚椎盾最大，可达到背甲长的 31% 左右。腹甲前段长应为背甲长的 38% 左右（图 2-89 至图 2-92）。

图2-89　南美亚种（白羽司风摄）

图2-90　佛州亚种（白羽司风摄）

图2-91　罗氏亚种（白羽司风摄）

图2-92　模式亚种（白羽司风摄）

① 英寸：1英寸=2.54厘米。
② 磅：1磅=0.453 6千克。

2. 外形特征

大鳄龟上颌似鹰嘴状，钩大，头部、颈部、腹部有无数触须，背甲上有 3 条凸起的纵走棱脊，褐色，每块盾片均有突起物，腹甲棕色，具上缘盾，尾较长，口腔底部有一蠕虫样的附器，常静伏水中，张着嘴，借附器诱食附近鱼类（图 2-93）。

小鳄龟上颌似钩状，但钩小，触须仅有少量。背甲棕黄色或黑褐色，有 3 条纵行棱脊，肋盾略隆起，随着时间推移棱脊逐渐磨耗。腹甲灰白色，无上缘盾，尾略短，最显著的特征是尾的背面有一锯齿形脊，又称尾棘。脚趾间具蹼，较发达，适应水中生存（图 2-94）。

图2-93　大鳄龟上颌似鹰嘴状，口腔底部　　　图2-94　小鳄龟上颌似钩状，但钩小，触须仅有
　　　　　有一蠕虫样的附器　　　　　　　　　　　　　　少量

雌雄区别：大鳄龟雌性的背甲呈方形，尾基部较细，生殖孔距背甲后缘较近，雄性的背甲呈长方形，尾基部粗而长，生殖孔距背甲后缘较远。小鳄龟除上述特征外，生殖孔位于尾部第一硬棘之内或与尾部第一硬棘平齐的为雌性，而生殖孔位于尾部第一硬棘之外的为雄性（图 2-95）。

图2-95　鳄龟雌雄区别（天地潜龙、东莞-深摄）

3. 早繁技术

这是一种反季节繁殖。使用龟箱培育亲龟，每只箱2平方米，放养6~10千克的雌性亲龟数只；使用5米深的井水，冬天水温可达到22℃左右，用15瓦的灯泡加温，保持水温维持在20℃以上，至少达到18℃。温度达到20℃时鳄龟才会受精，并且喂饲料需要温度达到20℃以上；每4天左右喂一次，每次喂动物饲料，如鲤鱼、杂鱼或黑龙江运来的冰冻小鸡，一种淘汰下来的小鸡，要解冻后投喂。20℃投喂，鳄龟可以摄食，通过摄食，促进排卵，因此冬季会产卵。2017年的鳄龟苗最早的在2月24日左右孵化出来。最低温度12~14℃，鳄龟就能产卵（图2-96和图2-97）。

亲龟选择：佛州拟鳄龟（佛罗里达亚种）一定要选呈"面包"体型，背甲盾片放射纹明显，纹路呈180°的那种龟，繁殖力较强。佛州拟鳄龟要选体重7~8千克以上的大龟，这样的龟产卵多。佛州拟鳄龟在池塘中

图2-96　早繁鳄龟养殖场景

图2-97　鳄龟早繁产卵

图2-98 繁殖高产鳄龟盾片180°放射纹

试验雌雄混养，交配不好，繁殖力较低。因此，雌雄亲龟应进行分养。不断淘汰那些产卵少、水中下蛋的鳄龟。鳄龟不喜欢在沙中产卵，喜欢在泥中产卵。一般用堆积的黄泥，每次产卵后要疏松泥土，浇水加湿，并在土上放置树枝，这样龟会钻进树枝中产卵，树枝作为龟的隐蔽物，给龟提供安静的产卵场所。对新引进种龟统统打两针进行预防，接下来停食一段时间再喂。鳄龟对环境很讲究，有时换环境就会不产卵（图2-98和图2-99）。

交配方法：在秋天，将雌龟移入到雄龟池，交配完成后将雌龟送回原池。雄龟每天交配一次，第11天开始，每2天交配1次（图2-100）。

图2-99 鳄龟喜欢在疏松的黄泥中产卵

图2-100　鳄龟交配（钦州蓝夜提供）

　　培育方法：产卵期很少喂食，取决于温度，温度达到 20℃以上每周喂 2 次。产卵后，第 1 个月，每天喂 1 次；第 2 个月，每 3 天喂 1 次；第 3 个月每 5 天喂一次，一直到冷空气来临之前停喂，一般在农历九月初九开始停喂。可以投喂鲤鱼，没有鲤鱼就喂小杂鱼，因为鲤鱼对佛鳄性腺发育有利。采用饥饿的培育方法，投喂鲤鱼，控制投喂次数，只要能满足卵的发育需要的营养就可以，过多的营养容易引起佛州拟鳄龟过肥，不利于性腺发育和产卵。加温到 23℃，11 月至翌年 4 月，产卵 3 ~ 4 窝，两窝间隔 1 个月左右，在泡沫箱中孵化，控温 26℃，可孵出 10% 雄龟，28℃以上，全部孵出雌龟。如果采用 26℃孵化，孵化期 70 ~ 90 天。对于鳄龟卵是否受精，可以用灯光照卵来观察，当看到卵中有所谓的"水位线"出现，表明已受精，实际上是受精卵的细胞核受精后比重增加，出现的下沉现象（图 2-101 至图 2-105）。

图2-101　早繁技术鳄龟产卵多

图2-102　鳄龟孵化箱

图2-103　鳄龟孵化中

图2-104　鳄龟受精卵的观察（佛山小辉摄）

图2-105　鳄龟苗

第三章
龟鳖病害防治技术

第一节　如何诊治疾病

我们在龟鳖养殖的过程中，难免会遇到疾病问题。龟鳖疾病的种类按照生物学分为传染性疾病、侵袭性疾病和非寄生性疾病。传染性疾病主要包括病毒性疾病、细菌性疾病和真菌性疾病；侵袭性疾病主要是指寄生虫引起的疾病；非寄生性疾病主要包括非正常的环境因素、营养不良、先天性或遗传性疾病、缺钙诱发的畸形病、机械损伤等。按生态学定义，疾病是生态系统失衡的表现。应激是龟鳖机体内平衡受到威胁所做出的生物学反应。

一、对症诊治

应用生物学理论，从环境、病原体和宿主三方面找发病的病源，根据症状进行诊断，最后进行对症治疗，这种方法治标不治本，因为并未找到真正的发病原因，而是看到什么就是什么，比如看到张嘴就是肺炎，看到水肿就是肾炎，看到白眼就是肝炎，等等。

二、对因诊治

应用生态学理论，从环境、饲料和应激三方面寻找发病的病因，支撑点是生态平衡。当环境突变、饲料腐败、恶性应激发生，就有可能对龟鳖致病，生态系统不平衡会导致综合征发生，我们看到的是表象，透过现象看本质，找到真正的发病原因，对因治疗，从源头防控，不再发生类似的疾病。

我们在咨询龟鳖疾病的时候需要注意几个方面。一是拍清楚病灶、眼神和养殖环境；二是说明发病过程和养殖背景；三是阐述种苗来源、运输方法与放养方法。根据环境、饲料和应激三方面先查找发病原因，如果找不到也没关系，可以通过咨询来解决。切忌一开口咨询，不想分析发病原因，直接问治疗方法。如果找不到发病原因，就不能正确诊断疾病，更不可能开出对因治疗的药方。所以，咨询也要讲究科学和方法。

第二节 常见病害防治

一、常见龟病防治

1. 龟氨中毒

龟发生氨中毒，一般在温室养殖中较为常见。主要原因是温室内换水不及时，水质恶化所致，水体中有毒的氨氮和亚硝酸盐含量升高，引起龟氨中毒，严重时会造成死亡。龟死亡时一般前肢弯曲，因此又称"曲肢病"。

氨中毒的病例：2012 年 9 月 12 日，浙江湖州市下昂社区一家养殖户发生鳄龟氨中毒，并造成死亡（图 3-1）。2012 年 4 月 16 日广州读者天道酬勤反映，他养殖的鳄龟发生氨中毒，并造成部分死亡（图 3-2）。他采用的是局部加温方法，每次换水一半。病发后，龟主咨询笔者。笔者给予建议：及时换水；注意等温；泼洒维生素 C，浓度为 5 毫克 / 升。结果病情缓解，不再出现死亡。

图3-1 浙江鳄龟氨中毒

图3-2 广州鳄龟氨中毒（天道酬勤提供）

这是一起温差应激与氨中毒并发的病例。2011年4月3日，广东茂名读者谢斌反映：其第一次养龟，去年引进石龟苗200只，采用局部加温方法，现在已经长到200～300克。最近两天死亡2只，并有几只脖子发红，出现溃烂。查找原因是使用深井水，水温24℃，直接使用到加温箱中，尽管不打开盖子，直接注入新水，时间较短十几分钟，但还是有应激。因为温箱中控温30℃，在不打开盖子的情况下换水进去24℃的井水，箱内气温较高，进去的井水一下子可以由24℃升到27℃，再过十几分钟就可升到30℃，里面有温控仪控制温度，采用陶瓷灯加温。温差6℃，这是应激源之一。上个月因为深井第一次打得不深，遇到石头就不打了，井水不够用，结果换水每天2次改为1次，此前用自来水。这个月好了，深井钻深了，达到45米，结果水够用了，从这个月起每天换2次水。虽然这样做了，但上个月换水少感觉箱内较臭，氨中毒现象发生了，这个月病症表现出来，死亡的两只龟前肢弯曲，明显是氨中毒典型症状（图3-3）。笔者建议治疗方法：等温换水，并用维生素C浓度10毫克/升和罗红霉素浓度3毫克/升分别泼洒。2011年4月19日，谢斌反馈：石龟应激和氨中毒并发症被控制，并已恢复正常摄食（图3-4）。

图3-3　龟氨中毒（谢斌提供）

图3-4　龟氨中毒已痊愈（谢斌提供）

2. 龟水霉病

2012 年 7 月 6 日，广东茂名市霞洞镇网友 chaser 反映，他养殖的鳄龟苗，买回来一周左右的时间，发现全身长毛已有三四天时间，认为是水霉病（图 3-5）。据了解这些鳄龟苗养殖在室内，池水温度 29 ~ 30℃。笔者从鳄龟苗体表上的病灶观察，确诊是水霉病。笔者给予的治疗方法：使用亚甲基蓝全池泼洒，终浓度为 3 毫克 / 升，每天 1 次，连续 2 次。

图3-5　鳄龟水霉病（chaser提供）

2012 年 1 月 12 日，上海网友虫虫反映，她养殖的鳄龟是去年拿的苗，苗拿回来后就放进新砌的水泥池（水泥池只用水浸了半个月而已），不久就出现了鳄龟生病的情况了。陆陆续续死了 150 余只，现在还有 3 只是这样的情况，其他的放到大盆里情况已稳定。笔者根据图片上病灶进行分析，确诊为水霉病。具体的治疗方法：用毛刷刷除水霉菌，并用生理盐水清洗病灶。用达克宁涂抹，反复多次，每次涂药后需要干放一段时间；用亚甲基蓝全池泼洒，终浓度为 3 毫克 / 升。

2012 年 10 月 13 日，广西钦州洪志伟养殖的石龟苗发生水霉病（图 3-6）。根据笔者的建议进行治疗：用毛刷刷除龟体表的水霉；用亚甲基蓝全池泼洒，终浓度为 3 毫克 / 升；对于个别严重的石龟苗可用达克宁涂抹。

图3-6　石龟水霉病

3. 龟白点病

2012 年 10 月 10 日，广西钦州读者行者反映，他养殖的乌龟发病，发来图片，笔者诊断为乌龟白点与疖疮并发症。发病原因是喂食物过多，且吃剩的食物没有及时处理，水体污染，龟抢食弄伤以致感染。

养殖者依照《龟鳖病害防治黄金手册》第 2 版对病龟进行治疗，具体过程：疖疮：用牙签挑除豆腐渣样物，在伤口涂抹甲紫溶液，干后涂抹金霉素眼药膏；白点：发病后彻底换水，用 400 毫克 / 升食盐水全池泼洒，并投喂维生素 C 和土霉素。结果痊愈（图 3-7）。

图3-7　乌龟白点与疖疮并发症治疗前后对照（行者供）

广东顺德郭志雄养殖的黄缘龟发生白点病。2014 年 7 月 17 日，笔者根据龟主的反映，一只黄缘龟大苗发生白点病，主要病症为龟头颈两侧各有一个白点，外面硬结，里面有脓状物质（图 3-8）。经过手术治疗，打开病灶，将白色脓状物刮除，分两次刮除干净。手术前后，使用消炎药物，防止感染。经过约两周时间，龟彻底痊愈，并已恢复摄食（图 3-9）。

图3-8　安缘苗白点病治疗前

图3-9　安缘苗白点病治愈后

4. 龟腐皮病

腐皮病是一种细菌性疾病，是鳖体表常见的传染性疾病，也能感染龟体表成为龟类腐皮病（图3-10）。目前发现受感染的龟类有西部锦龟、剃刀龟、黄缘盒龟等。感染后的龟背部、腹部、脚部甚至头部皮肤腐烂，龟的生长和繁殖受到严重影响，严重的腐皮病如果感染到龟的头部，会造成死亡。在治疗中，严重的腐皮病已成为疑难病症，需要科学有效的方法进行治疗。

治疗方法：对于不太严重的腐皮病，可以在清除体表腐烂的病灶后，涂抹红霉素软膏；对于严重的腐皮病采用药物浸泡，具体为：第一天用头孢噻肟钠3克＋地塞米松1毫克＋2升水的药浴，第二天用青霉素320万单位＋1升水浸泡，然后腐皮脱落，逐渐痊愈。

图3-10　锦龟腐皮病

5. 龟疖疮病

龟有"老三病"：腐皮病、疖疮病和穿孔病。这三种属于体表疾病，一般是由致病菌引起，有时细菌与真菌并发感染。疑难性疖疮病主要表现病灶面积大，溃疡出血，一般药物难以奏效，治疗周期长。

2016年7月11日，中国龟鳖网核心群友"雨过天晴"反映，他来自广西梧州，是《中国龟鳖养殖与病害防治新技术》一位忠实读者。3个月前，他的一只黄缘盒龟发病了，发现病灶在前肢的腋窝，溃疡面积较大，有点像肿瘤，并有出血现象。起初，他自己采用一般药物治疗，效果不明显，因此求助笔者。经过笔者的帮助，3个月后，这只龟终于治愈。他说："这只龟冬眠后发现脚外伤，当初我用酒精消毒，涂紫药水，没有效果。后来请教您，您教我处理方法：①用碘酒消毒；②用青霉素原粉涂抹多次；③用红霉素软膏封口，干放。经过一段时间的治疗，现在基本好了，准备把龟放入龟池。"至此，龟病已治愈（图3-11）。我们在今后的养龟过程中，如何避免此病的发生，一定要注意环境调控，保持整洁卫生，经常换水，不让龟在泡澡时喝到脏水。无论是龟的活动区，还是龟窝都要经常打扫，保持生态平衡，以切断病原与环境之间的联系，宿主才能避免病原体感染。当然，环境、饲料、应激等诸多因子更需要综合考虑。我们每天都要问自己："今天你平衡了吗？"

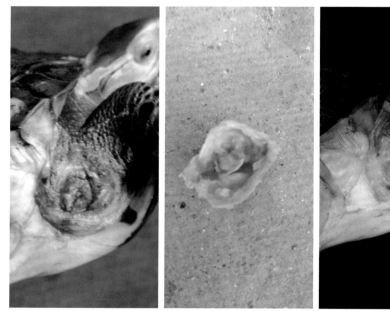

图3-11　龟疖疮病治疗过程（雨过天晴供图）

2012年广东茂名沙琅镇读者梦云反映，她养殖的鳄龟发生疖疮病（图3-12），经过笔者指导治愈。治疗方法是：挖出病灶里的腐烂物质，用聚维酮碘涂抹，再用达克宁涂抹3天，之后用红霉素软膏涂抹3天。

2013年5月8日，深圳读者彭俊反映，他从市场上买来鹰嘴龟（病龟），主要是疖疮病，龟下巴和腹部有病灶，其腹部有穿孔迹象，部分皮肤受损有发炎现象，并且不活动，不觅食（图3-13）。2013年5月23日，龟主反馈，经笔者指导，使用达克宁及红霉素各涂抹3天后，炎症明显消失，龟已恢复活力并觅食互动（图3-14）。

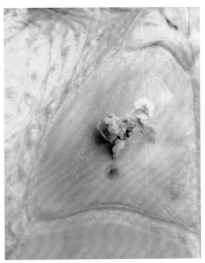

图3-12　龟疖疮病（梦云提供）

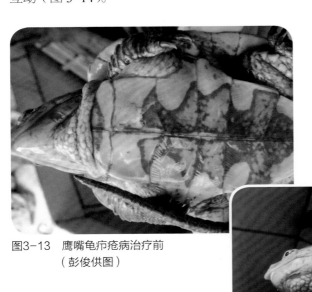

图3-13　鹰嘴龟疖疮病治疗前
　　　　（彭俊供图）

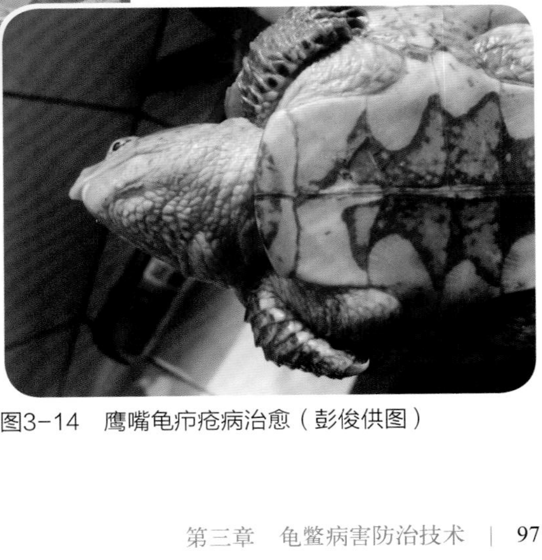

图3-14　鹰嘴龟疖疮病治愈（彭俊供图）

6. 龟腐甲病

2012 年 5 月 7 日，江西宜春读者晏祖民反映，他养殖的鳄龟出现烂甲病（图 3-15）。共养殖鳄龟 48 只，最重的近 9 千克，小的 3～3.5 千克，平均 4.5 千克左右。烂甲发病率 100%，其中十几只烂甲比较严重，龟精神萎靡不振，不吃食。主人用碘酒消毒，再用"百多邦"外擦，效果不明显。笔者建议治疗方法：①将烂甲病灶挖干净，用生理盐水清洗后，涂上青霉素原粉，之后用创可贴封住；②肌肉注射左氧氟沙星（0.2 克：100 毫升），每只龟每次注射 2 毫升，连续 3 天。

2012 年 8 月 28 日，广东云浮读者刘萍反映，她养殖的黄缘盒龟出现腐甲病，有进食，活动也较灵活（图 3-16）。需要进行治疗，请求帮助。笔者建议处理方法：肌肉注射头孢噻肟钠，每天 1 次 0.1 克，连续 3 天；用青霉素和链霉素浸泡，每千克水体中加入青霉素 40 万单位和链霉素 50 万单位，每天 1 次，时间半个月；用达克宁软膏涂抹病灶，时间一个月。最后龟病治愈。

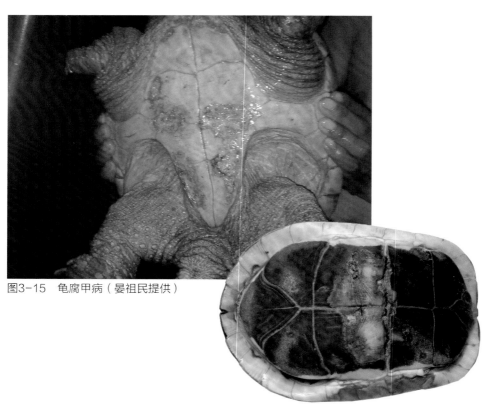

图3-15　龟腐甲病（晏祖民提供）

图3-16　龟腐甲病（水静犹明提供）

2014 年 7 月 8 日，龟主韦妹反映，最近买来的一只台湾黄缘闭壳龟发现龟底板腐甲，刮除病灶后涂抹红霉素和利福平，不见效果，求助（图 3-17）。此龟有食欲，能正常进食。体重 450 克。笔者诊断：龟腐甲病。治疗：①刮除病灶；②使用达克宁涂抹，每天多次，连续 6 天；③接下来使用红霉素软膏涂抹，一般 3 天。治疗期间白天干放，晚上下水，可以喂牛肉或饲料。治疗结束后静养，保持水质干净，每天换水至少 2 次。痊愈后不能恢复原样（图 3-18）。

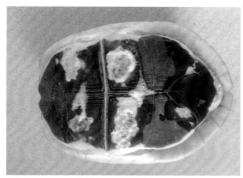

图3-17　龟腐甲病治疗前

图3-18　龟腐甲病治愈后

7. 龟穿孔病

2012 年 10 月 31 日，广东信宜读者红光反映，他养殖的鳄龟发生疖疮与穿孔并发症。从病灶上看，病情已近晚期，非常严重，鳄龟体瘦，病灶很多，有些已穿孔（图 3-19）。因此，笔者建议治疗方法：清除疖疮和穿孔病灶，将病灶内腐败物质挖出，用清水冲洗干净；用青霉素和链霉素原粉注入穿孔里和病灶上面，外层用红霉素软膏涂抹；肌肉注射药物，每天 1 次用头孢噻肟钠 0.1 克，加氯化钠注射液稀释至 1 毫升，连续注射 6 天。治疗期间干放，每天适当下水 1 ~ 2 小时。

图3-19　龟穿孔病（红光提供）

8. 龟红脖子病

广西梧州云水相依养殖的石龟出现红脖子病。2015年4月4日，龟主反映："今天换水，发现一只4年母龟的颈、腿窝等处脱皮发红，认真阅读对照您的书，像是冬眠综合征，又有点像腐皮症，凡是有肉的地方都红的，才喂一星期，今天才发现这情况。请老师诊断一下。"

笔者根据龟图分析，龟的脖子发红，其他部位如腋窝处也出现红色，腐皮症状并不明显，初步诊断为龟红脖子病（图3-20）。

治疗：药物注射，使用庆大霉素肌肉注射，每次注射0.4毫升，并加入地塞米松0.1毫升，合计0.5毫升，每天一次，连续注射6天。

经过一个疗程6天的注射治疗，涂抹红霉素15天，干养，每天下水1小时，结果龟病痊愈（图3-21）。

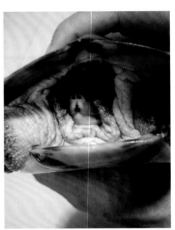

图3-20　石龟出现红脖子病　　　　　　　　图3-21　石龟红脖子病治愈

9. 龟脂肪代谢不良症

"海南亚拉"网友养殖的亚拉巴马伪龟发生脂肪代谢不良症。2016年4月21日"海南亚拉"反映，他养殖的外塘亚拉巴马伪龟全身性浮肿，疑似脂肪代谢不良症，要求诊断并给予治疗方法。笔者经调查，他养殖时主要投喂鱼和空心菜，分析可能有时龟摄食了变质鱼，从而引起此病。笔者怀疑是龟在两个月之前摄食了变质鱼。龟主反馈说："您说的对，因为天气刚刚回暖，市场上没有那么多鱼，买到的鱼放在冰箱有点发臭，舍不得丢掉，就喂龟了。"他已使用青霉素浸泡1天，未见好转，状态更差了。此龟体重是2.275千克。笔者诊断：龟脂肪代谢不良症。

治疗方法：肌肉注射头孢曲松钠0.1克＋地塞米松0.5毫克，每天一次，连续6天为一个疗程。

2016年4月27日反馈，龟主：注射了6天，后肢周围明显好多了，但是前肢还是有点肿胀，不知道还需不需要继续注射，要是继续，剂量是否有调整？笔者：停2天再注射3天，剂量不变，结果龟病治愈（图3-22）。

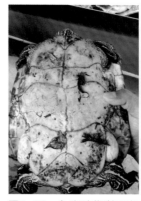

图3-22　龟脂肪代谢不良症治疗过程（海南亚拉供图）

2012年10月30日，广东江门读者徐岸锋养殖的石龟出现脂肪代谢不良症。龟主反映，从去年开始养殖石龟，买回来石龟苗100只，价格每只600元。养至目前规格150～400克，平均250克。由于发病，现仅存活60只。主要症状是全身性浮肿，没有精神，出现拉稀现象，粪便绿色，2只龟眼皮发白。现在每天死亡1～2只。笔者经调查，换水需采用等温方法，自来水放入桶里经过自然等温，但有时不够用直接用自来水，因此违背了等温换水的原则。最主要的原因是使用了变质的淡水鱼，尤其在夏天投喂过从市场上买来的变质草鱼，多次食用后，引发脂肪代谢不良症。最近，在加温到28℃养殖的情况下，2～3天才能吃一点点，基本停食。笔者诊断：脂肪代谢不良症。

治疗方法：杜绝投喂变质的鱼类；使用一定比例的配合饲料，一般占比70%；治疗采用肌肉注射方法：每只龟每天1次注射氧氟沙星（0.2克∶5毫升）0.5毫升，连续6天为一疗程。

2012年11月6日，龟主反馈，经过6天的打针治疗，龟病已痊愈，恢复摄食，食台上的食物约在1个小时内全食光了（图3-23）。

脂肪代谢不良症在养龟中经常发现，但治疗起来比

图3-23　龟脂肪代谢不良症治疗前后（徐岸锋提供）

较困难。在诊断时，需要顺藤摸瓜，一步步查找发病原因，找到病因，对因治疗。最近，在广西博白就发生了一例。当时龟主告诉笔者，不仅龟病了，他的小孩也病了，在医院输液，并发来图片。笔者为其提供核心技术支持，经过积极有效的对因治疗，结果龟病治愈。

2015 年 5 月 23 日，龟主陈先生反映，他上个月从南宁购进一批 20 只黄额盒龟野生亲龟，回来后一直正常，几天前产卵 2 枚。今天中午发现一只龟眼帘肿胀，精神不太好。找不到发病原因。

笔者经调查，该龟主使用的是井水，经过大桶过水，但估计等温时间不够。进一步观察，龟不仅眼帘肿胀，下巴和前肢肿大，根据症状分析有可能龟喝了脏水，包括残饵等。进一步调查发现，龟主前几天喂西红柿和蚯蚓，有些蚯蚓已死，容易变质，携带病菌。眼帘肿胀、下巴和四肢肿大，与摄食蚯蚓有一定的关系。因此，初步诊断为：摄食变质食物引起的脂肪代谢不良症（图 3-24）。

诊断：龟脂肪代谢不良症。

治疗：采用注射药物的方法。肌肉注射庆大霉素 0.3 毫升 + 地塞米松 0.1 毫升，每天一次，连续 6 天。

结果：2015 年 5 月 29 日，龟主反馈，经过一个疗程的治疗，此病已治愈（图 3-25）。

图3-24　黄额盒龟发生脂肪代谢不良症

图3-25　黄额盒龟脂肪代谢不良症治愈

广东顺德陈健辉养殖的黄缘盒龟发生脂肪代谢不良症。2014 年 8 月 6 日，龟主反映："今天早上我太太洗龟池时发现有一只黄缘盒龟左前肢肿胀，走动不便，将其隔离，观其眼睛时开时闭，拉其四肢有力，左前肢上肢差些，抓其时排大便两次，一次结实，第二次有水样便，排出大量水，开始闭眼。这只黄缘盒龟是 7 月 15 日从朋友处购来的 6 只中的一只，购回时，体重 650 克，我现在对其进行一次外表检查看到其前左肢下方有肿块眼睛旁边有一点血迹。后检查，龟刚才又排出水和大便，水偏绿，排便后眼睛睁开，头有间隙性抖动。"（图 3-26）

诊断：龟脂肪代谢不良症。

治疗：肌注左氧氟沙星（0.2 克：5 毫升）0.3 毫升，每天 1 针，连续 6 天。结果治愈（图 3-27）。

图3-26　安缘脂肪代谢不良症治疗前

图3-27　安缘脂肪代谢不良症治愈后

10. 龟钟形虫病

钟形虫属，此类虫是属纤毛原生动物缘毛目钟虫科的一些种类。在龟体表肉眼可见到龟的四肢、背甲、颈部甚至头部等处有一簇簇絮状物，带黄色或土黄色，在水中不像水霉那样柔软飘逸，有点硬翘。

2012 年 6 月 21 日，广西北流市读者蝴蝶反映，他养殖的金钱龟背部、腹部和皮肤上有一种像浆糊一样的物质粘在体表（图 3-28 和图 3-29），对龟的生长繁殖有一定的影响，求治疗方法。经过对图片仔细观察，笔者诊断为钟形虫病。经过有效的治疗，结果痊愈。治疗方法：用毛刷清除龟体表寄生虫，冲洗干净，并彻底换水；使用硫酸锌浓度为 1 毫克/升，全池泼洒，每天 1 次，连续 3 天。每天换水 1 次。此前，龟主不用药物，把龟刷干净另养，龟池暴晒了 3 天，一段时间没有问题，15 天后再出现。此次用药后，不再复发。

图3-28　金钱龟腿部钟形虫病（蝴蝶提供）

图3-29　金钱龟腹部钟形虫病（蝴蝶提供）

广西崇左廖桂林养殖的石龟发生钟形虫病。2014 年 7 月 29 日，龟主反映，她养殖的石龟种龟四肢等处皮肤上有黏液状，拉起来一丝丝的（图 3-30）。笔者经过图片诊断为钟形虫病，发病的石龟数量比较多，因此需全面治疗。

治疗：①用板刷除去病灶，刷干净之后，用清水冲洗，注意病原不能下龟池，以免感染其他龟；②用硫酸锌溶液浸泡，浓度为每立方米水体 2 克，长时间浸泡，每天换水换药，一个疗程 3 天；③连续 3 天，白天用达克宁涂抹，之后干放，晚上浸泡前述药物硫酸锌。结果龟病治愈（图 3-31）。

图3-30 龟钟形虫病治疗前

图3-31 龟钟形虫病治愈后

11. 龟冬眠综合征

2012 年 3 月 12 日,山西晋城读者林向博反映,他养殖的黄喉拟水龟冬眠苏醒后,发现其眼睛、鼻孔周围红肿,并有局部腐皮症状(图3-32)。笔者初步诊断为:龟冬眠综合征。发病原因:长期冬眠在低代谢状态下,龟的体质下降,加上环境污染,春天来临,病原菌活跃,龟容易导致细菌感染,出现炎症。因此,笔者建议治疗方法:用头孢哌酮 1 克化水 1 千克,加上地塞米松(1 毫升:2 毫克),为提高药物效果,升温 2℃,进行药物浸泡,每天 1 次,长时间浸泡,连续 3 天。2012 年 3 月 16 日龟主反馈,龟已恢复摄食,病灶消失,痊愈(图3-33)。

图3-32 龟冬眠综合征(林向博提供)

图3-33 龟冬眠综合征治愈(林向博提供)

二、常见鳖病防治

1. 鳖氨中毒

氨中毒是养鳖温室养殖中比较常见的病症。鳖在死亡时，前肢弯曲，因此又称"曲肢病"，是一种环境恶化引起的鳖曲肢病。笔者在国内首次发现并报道：1999 年在《中国水产》第 9 期发表"江浙出现新鳖病"。

2012 年 4 月 11 日，浙江省湖州市新安镇读者徐光鑫反映，其温室养殖的台湾鳖最近发生几百只死亡的现象，外表无任何症状。温度控制在室温 33℃，水温 30℃。摄食正常。从发来的图片观察，部分鳖前肢弯曲，头颈伸长，一般体表无其他症状，结合实际情况进行分析，笔者诊断为氨中毒（图 3-34）。

他养殖的鳖有 5 只池最近发病，已死亡 300 多只。最近换水比较少，微调量小，做得不够到位。死亡发生后，将个别病鳖池水换水 3/4，死亡立即缓解，也验证了水质恶化，导致氨中毒的诊断结果。

解救措施：①立即换水，将病鳖池水全部大量换上等温新水；②注意整个温室的温度平衡，不要发生意外；③正常养殖池需要加大换水量，保持水质稳定，根据病情可在水中使用"双抗"（青霉素和链霉素）和维生素进行药物浸泡。2012 年 4 月 16 日主人反映，鳖已恢复正常。

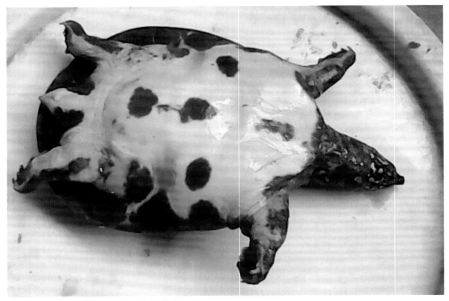

图3-34 台湾鳖氨中毒（徐光鑫提供）

2. 鳖白斑病

白斑病主要危害稚鳖和幼鳖，在生产中比较普遍，是一种真菌性疾病，如果错用药物，使用抗生素药物治疗，反而加重病情。这种病在低温水质较清的情况下容易发生，对于温室养殖，在高发期，尽量不开增氧机。药物预防方法：稚鳖放养后，每隔半个月分别使用克霉唑2毫克/升、亚甲基蓝1毫克/升和生石灰25毫克/升一次，全池泼洒。这种方法对鳖白点病的预防同样有效。2013年笔者在浙江省湖州市双林镇指导使用这一方法，有效地避免了稚鳖期白斑病和白点病的发生。

2012年3月26日，茂名读者龙源反映，他养殖的美国角鳖发病，笔者经诊断是真菌性白斑病（图3-35）。此前他用抗生素一直治不好，越发严重。笔者建议的治疗方法是：①将水质调节成绿色肥水型，水体透明度为25厘米左右；②如果有增氧机的话，不要开增氧机；③将病鳖隔离治疗；④对于特别严重的病鳖将病灶清除后，用达克宁涂抹，每天多次，连续2周，直至痊愈，每天在治疗期间可以适当下水一段时间；⑤对于大面积发病池，采用全池泼洒药物的方法，具体使用亚甲基蓝，终浓度为4毫克/升。经过上述方法治疗后痊愈。

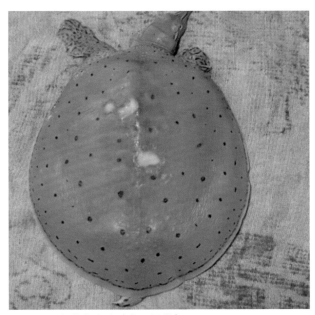

图3-35 角鳖白斑病（龙源提供）

2012年1月31日，杭州读者卢纯真反映，在笔者指导下，她养殖的日本鳖（100克左右），白斑病已治愈。具体治疗方法：用萘酸铜全池泼洒1毫克/升，3天后减半泼洒0.5毫克/升，接下来将水温逐渐升到30℃，并从未发病池引用透明度较低的肥水，在水里添加维生素C和氨基多维，结果龟病很快被痊愈。发病原因是因为温室内角落鳖池温度一直加不上去，引起低温，适合霉菌繁衍，导致白斑病发生。萘酸铜属于环烷酸铜，含有碳与铜键的化学键，是有机铜化合物。

3. 鳖白点病

白点病是一种细菌性疾病，在实践中，笔者仔细观察，不排除真菌继发感染的可能性。这种病危害最大的是鳖苗，在广西壮族自治区，白点病常常感染山瑞鳖。贵港市读者穆毅养鳖场引进的山瑞鳖苗发生白点病，就是一例。

2012 年 8 月 20 日，鳖主反映：最近从韦乐佃养鳖场引进的山瑞鳖苗 100 只，发生白点病，发病率为 80%，山瑞鳖的背部有数个白点，笔者根据图片诊断是白点病（图 3-36）。建议治疗方法：①清除病灶；②用达克宁涂抹 3 天；③接下来用红霉素软膏涂抹 3 天。

2012 年 8 月 25 日，鳖主反馈：经过一个疗程的治疗后鳖病基本痊愈，病灶的伤口愈合（图 3-37）。

图3-36　山瑞鳖白点病（穆毅提供）

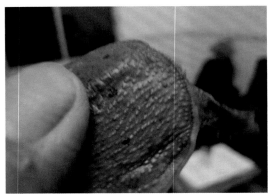

图3-37　山瑞鳖白点病治愈（穆毅提供）

4. 鳖疖疮病

疖疮病是一种细菌性疾病，是危害龟鳖的一种常见病，可以危害稚鳖、幼鳖、成鳖和亲鳖。感染的部位主要是鳖的背部、腹部和四肢（图 3-38）。疖疮发生后，如不及时治疗，就会蔓延至穿孔。疖疮病与穿孔病是不同的发病阶段。疖疮病发病初期，遇上低温天气，往往会被真菌感染，细菌继发感染，给治疗带来一定的困难。

治疗方法：①清除疖疮病灶，挖出豆腐渣样物质，并用生理盐水冲洗干净；②用达克宁涂抹伤口，连续 3 天；③用红霉素软膏涂抹，连续 3 天。对于全身性感染的严重病鳖，需注射抗生素，肌肉注射药物，每天 1 次注射头孢噻肟钠，每千克鳖注射 0.1 克，连续 3 天。平时做好预防工作，对鳖池，定期每半个月泼洒生石灰一次，终浓度为每立方米水体 25 克。

图3-38　山瑞鳖疖疮病

5. 鳖钟形虫病

钟形虫属，此类虫是属原生动物缘毛目钟虫科的一些种类（如累枝虫、聚缩虫、钟形虫和独缩虫等）。钟形虫在鳖体表肉眼可见到鳖的四肢、背甲、颈部甚至头部等处有一簇簇絮状物，带黄色或土黄色，在水中不像水霉那样柔软飘逸，有点硬翘（图3-39）。

这类虫体为自由生活的种群，其生活特性是开始以其游泳体黏附在物体（包括有生命的和无生命的）表面后，长出柄，柄上长成树枝状分枝，每枝的顶部为一单细胞个体，一个树枝状簇成为一个群体，每个个体摄取周围水中的食物粒（主要是细菌类）作为营养，其柄的固着处对寄主体可能有破坏作用。在水体较肥，营养丰富的水环境中生长较好。主要繁殖方式是柄上顶部的个体长到一定的时候就从柄上脱离，成为可在水中自由活动的游泳体，在遇到适宜的附着物时就吸附

图3-39　鳖钟形虫

上去，再发展成一个树枝状簇的群体。对鳖的危害主要是鳖体上布满这些群体后会影响鳖的行动、摄食甚至呼吸，使鳖萎瘪而死。少量附着对鳖没有影响。在水质较肥的稚鳖池如有此虫大量繁殖，会对稚鳖的生长有很大的影响，如不及时杀灭，会造成大量死亡。此虫生长没有季节性和地区性，全国各地的水体都有，应注意水质不要过肥，保持水质清新。

治疗方法：①保持优良的水质是避免此病发生的最好方法。治疗可用新洁尔灭0.5毫克/升先后泼洒，或用2.5%食盐水浸浴病鳖10分钟，每天1次，连续2天，有一定杀灭效果。②特效方法：用硫酸锌1毫克/升泼洒，连续3天，每天1次，10天后脱落痊愈。

6. 鳖萎瘪病

发病原因较多。首先，先天不足，最后一批产卵，孵化后个体较小，争食能力较弱，食欲不好，营养不良。其次，是食台面积太小，而鳖的放养密度较大，以及饲料投喂不均，时多时少，比例不当，体弱鳖难以上台摄食，长此以往，形成营养债，累成此病。再次，稚鳖感染白斑病后，停食，全身性病灶引起肌肉萎缩（图3-40）。

治疗方法：①隔离饲养，治愈皮肤病，保持良好的水质；②在饲料中添加维生素C、维生素E、维生素B_5、维生素B_6和维生素B_{12}等复合维生素；③注射葡萄糖、维生素C、维生素B_{12}；④用维生素C溶液浸泡；⑤全池泼洒维生素C。

图3-40　鳖萎瘪病（陆绍燊提供）

第三节 应激性疾病防治

一、应激性龟病防治

1. 龟白眼型应激综合征

2012 年 9 月 9 日，广西柳州读者彭永青反映，他养殖的石龟苗应激。7 月 15 日陆续购入 250 只石龟苗，分盆局部加温方法养殖，调温池蓄水时间 8 小时，但有时不严格要求，换水不够，或者忘记补充水箱蓄水时，直接使用自来水带来温差应激。长势不错，规格有 20 ～ 30 克，半月前其中一盆陆续出现白眼症状，眼睛紧闭，甚至有口吐白沫现象，无精打采，不觅食，已死亡 20 只，现有 20 多只白眼（图 3-41）。根据养殖者提供的图片和养殖过程进行分析，笔者诊断为温差引起的白眼型应激综合征。防治方法：严格等温水换水；使用氟苯尼考浸泡，浓度为每盆每次 5 克，每次换水后使用药物，浸泡到下次换水前。结果龟病逐渐治愈（图 3-42）。

图3-41　龟白眼型应激综合征（彭永青提供）

图3-42　龟白眼型应激综合征治愈（彭永青提供）

2012 年 1 月 13 日，广州杨春反映，从 12 月 10 日发现缅甸陆龟病了就开始打针，当时脖子是红的，舌头也是红的，鼻子冒泡泡，后来通过打针 5 天，晒太阳等，用药，补充营养，加温到 22 ～ 24℃。又带去打 3 针，又用药，补充营养，到现在也是加温到 22 ～ 24℃，鼻子的泡泡少了很多，几乎没有泡泡了，口腔的分泌少了一点，眼睛也不红了，就是不愿意睁开，脖子也不红了，看起来感觉有好转，但其实不然，因为它越来越没有力气，拉它的腿没有敏捷的反应。主要发病原因是在 14℃的自然温度下，用 34℃的热水泡澡，结果引起温差 20℃的恶性应激反应，出现白眼型应激综合征（图3-43）。治疗：肌肉注射头孢噻肟钠0.2克＋地塞米松0.25毫克＋1毫升生理盐水，每天1次，连续6天；用食盐水浸泡，浓度为每千克水中加食盐5克，每天1次，每次浸泡0.5～1小时，最好眼睛能浸泡到；用氟苯尼考药水涂抹龟的眼睛，反复多次涂。结果：2012年1月17日，龟主反映，注射治疗3天，加上食盐浸泡，眼药水涂眼睛，龟病出现好转。昨天晚上龟眼睛都没睁开，今天早上上药的时候，发现眼睛睁开了，发生根本好转（图3-44）。龟的眼神告诉主人，一场大病后很疲惫，但终于得救了。目前仍有3只缅甸陆龟在用同样方法治疗中。这3只中有2只白眼，这2只白眼的龟经过治疗眼睛都已经睁开。一个疗程6次注射后，有所好转，眼睛睁开，但舌苔较厚，继续注射第二疗程，当地医生改用营养和消炎针（台湾产），注射2针后停药，舌苔少了。继续注射第三疗程，连续注射10天抗生素，结果龟病痊愈。

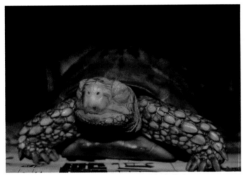 

图3-43　缅甸陆龟白眼型应激综合征　　　　图3-44　缅甸陆龟龟白眼型应激综合征治疗后
　　　　（杨春提供）　　　　　　　　　　　　　　　眼睛睁开（杨春提供）

　　2012年9月19日，广州出现庙龟白眼型应激综合征。龟主杨春反映：最近，她的一只庙龟停食，生病了，有白眼症状（图3-45）。她非常着急，后来在笔者的指导下用药，及时治疗，很快龟得到康复。为此，将她写的日记与大家分享。"我有一只庙龟，体重2.85千克，于2012年4月中旬接到我家来住，成为陪伴我人生的心爱的宠物。它是一种不喜欢水的龟，平时放进水里，不到半个小时就挣扎要出来，出来后在客厅溜达一会，就去阳台，再去副阳台，副阳台是露天的。它总喜欢待在阳台的大花盆边上，中午，龟的身体有一部分能够直接照射到阳光，另一部分被花叶挡住，我每天只给他进水3次，早上7：30一次，晚上19：00后进水为固定的喂食时间，因为他养成了个习惯，就是要让人手拿食物给它来喂，直接放进盆里它不吃。夜里23：00再进一次水。9月3日，我去离我住处不远的妈妈家吃饭，饭后，突然一场大雨夹着闪电袭来，我想到了庙龟还在阳台上，之前学习过《龟鳖病害防治黄金手册》写的关于应激问题，想到我的龟会存在应激的危险，但我又怕雷电，没有回家，我叫我侄儿回去帮我把龟收进屋，我侄儿又不肯，我只能窝在沙发里祈祷。确实由于我的麻木，龟生病了。第二天早上发现龟没有胃口，中午发现

图3-45　庙龟白眼型应激综合征（杨春提供）

龟吐了，吐出了昨晚吃的水果和虾肉（每千克46元的新鲜虾肉）。我很着急，我平时针对龟的一些小毛病能应付下来，但龟吐食物我没有办法，于是求助《龟鳖病害防治黄金手册》作者，章老师开出了针剂药方，我联系了几家动物医院都没有这种药，最后终于找到了一家。带庙龟去医院的路上，庙龟还拉稀，便带有像肠黏膜一样的东西裹住一些软成型的便块。按章老师药方3天打针治疗，白眼症状消失了，龟回来调养了几天后，于9月9日晚上有了食欲，虽然吃了两小口，但毕竟在慢慢恢复中。现在这只龟已完全康复。"（图3-46）

图3-46　庙龟白眼型应激综合征治愈（杨春提供）

2013 年 5 月 11 日，西安读者李恩贤反映，她养殖的黄喉拟水龟发病，龟眼睛发白，嘴巴张开，停食，已有部分死亡，四处求医，用尽方法，不见效果（图 3-47）。龟主通过《龟鳖高效养殖技术图解与实例》书中的联系电话找到笔者。此时龟病已拖延近一个月，病情十分严重，笔者经过查看大量图片和了解发病过程，分析后诊断为龟白眼与张嘴并发型应激综合征。发病原因是加温养殖过程中人为造成的温差失误。龟主回忆道："我的龟病了。准确地讲是在 4 月就病了。开始并没在意，等到龟不吃食才开始着急。用了许多乱七八糟的方法，不见好。一直到 5 月 11 号在书上看到老师的电话。当时很纠结，是否给老师打电话犹豫了许久。后来为了龟还是给老师打了电话，没想到老师很热情，询问了龟的病情后确切告诉我由于饲养不当造成应激反应，已经耽误了最佳治疗时间，那时龟已经病快一个月了。"笔者给予治疗方法：头孢曲松钠 1 克规格，加 5 毫升生理盐水稀释、摇匀，抽取 0.1 毫升对龟进行肌肉注射，每天 1 次，连续 3 天。后改用头孢噻肟钠注射，剂量为 0.2 克，并用青霉素和链霉素"双抗"药物浸泡，用氟苯尼考药水涂抹龟的眼睛。经过漫长的治疗过程，至 6 月 8 日，第一只龟终于睁眼了（图 3-48）；6 月 16 日，第二只龟睁眼（图 3-49）。6 月 17 日，两只龟全部恢复摄食（图 3-50）。

图3-47　龟白眼与张嘴并发型应激综合征（李恩贤供图）

图3-48　治疗后第一只龟睁眼
　　　　（李恩贤供图）

图3-49　治疗后第二只龟睁眼
　　　　（李恩贤供图）

图3-50　龟白眼与张嘴并发型应激综
　　　　合征治愈（李恩贤供图）

2. 龟鼻塞型应激综合征

2012 年 12 月 26 日，广西柳州龙旭辉养殖的石龟出现鼻塞型应激综合征。龟主反映，一只控温箱内 86 只中有 1 只规格 50 克的石龟苗出现鼻孔堵塞（图3-51），其他正常。控温 28 ~ 30℃，可能是局部加温在换水时出现的个别应激现象，每次换水时间 8 分钟左右。对未发病的石龟采用泼洒维生素 C 浓度为 3 毫克 / 升的方法进行预防。对于发病龟进行治疗。笔者诊断：鼻塞型应激综合征。治疗：隔离；用牙签轻轻地将石龟鼻孔的堵塞物质剔除；用药物浸泡，一般选用双抗，即青霉素和链霉素，每千克水体各加入 40 万单位，全池泼洒，长期浸泡，每次换水后用 1 次药物，连续 5 天。结果：第 4 天痊愈（图3-52）。第 5 天继续用药，巩固疗效。

图3-51　龟鼻塞型应激综合征（龙旭辉提供）

图3-52　龟鼻塞型应激综合征治愈（龙旭辉）

2012 年 10 月 15 日，广州读者杨春从市场上捡回一只庙龟，发现龟有病，鼻孔堵塞，被龟贩子正在出售，她担心被人买去吃掉，善良之心驱动她花了 850 元买回来，对龟进行治疗，治愈后准备送给动物园。这只龟重 8 千克，个体大，她没有治疗经验，求助笔者帮忙。笔者经过初步分析，此龟的鼻孔堵塞可能是龟贩子在经营中，直接使用温差较大的自来水冲洗，引起的鼻塞型应激性综合征（图 3-53）。因此对因下药，建议：肌注头孢噻肟钠 0.2 克，每天 1 次，连续 6 天为一个疗程。2012 年 10 月 16 日，龟主反映，第一针后，晚上见效，龟不叫了，鼻孔堵塞缓解了。治疗前，龟发出的声音是呼哧哧的，像人捏住其鼻孔，上牙压住下唇，促气一样的感觉。2012 年 10 月 22 日，龟主反映，目前庙龟状态好，口鼻都没泡泡了，但鼻子还不通气，已经连打了 6 针了，不主动吃食，但扒开口给肉龟就吧嗒吧嗒的啃着吃。笔者建议改用氧氟沙星注射，规格为 0.1 克:5 毫升。每次注射 2 毫升，每天 1 次，连续 3 针。2012 年 12 月 4 日，大庙龟的鼻子通了，鼻孔周边的烂处已经开始长新肉了。因药用太多，需要静养，主要是激活其自愈力。不久发现鼻子通气了，这只庙龟成功得到解救（图 3-54）。

图3-53　龟鼻塞型应激综合征（杨春提供）　　图3-54　龟鼻塞型应激综合征治愈（杨春提供）

广东东莞风吹沙养殖的黄额盒龟发生鼻塞型应激综合征。2016 年 6 月 7 日，龟主反映，他的黄额盒龟出了状况。目前有 3 只眼圈包括鼻孔都是白色的，精神状况很差，也不吃食，龟放在天台顶上养，前几天天气太热，达到 38℃，过后就发现这 3 只出问题了。笔者根据调查分析，龟在天台上养殖，遇到高温天气，又遇到下雨天气，可能温差太大引起应激。诊断：龟鼻塞型应激综合征。

笔者建议的治疗方法：①使用达克宁涂抹龟眼眶和鼻孔，3 天后改用氧氟沙星注射液涂抹 3 天；②注射药物，使用头孢曲松钠 1 瓶（1 克）加入氯化钠注射液5 毫升，稀释后，取 0.5 毫升行肌肉注射 3 天；③看情况决定是否继续注射。

2016年6月14日龟主反馈：4针后，鼻孔堵塞，眼皮发白的现象没有了。精神好多了，其中一只龟状态差一点，需要继续治疗，再打两针。

2016年6月20日龟主反馈，最严重的那只已死亡。另外2只，其中一只应该好了。还有一只状态不算太好。两只都没有摄食。试喂切条西红柿，让它张嘴，再直接放西红柿条进口。

2016年6月26日龟主反馈，两只黄额盒龟精神状态已经好转，四处爬行。只是还不怎么吃东西。笔者建议一边诱食，一边再观察。另一只黄额盒龟，从上次治疗打3针后，状态不怎么好，后来又打了3针，到现在状态有所好转（图3-55和图3-56）。

图3-55　龟鼻塞型应激综合征治疗前　　　　图3-56　龟鼻塞型应激综合征治疗后
　　　　（风吹沙供图）　　　　　　　　　　　　　　（风吹沙供图）

3. 龟鼻涕型应激综合征

广州番禺庄锦驹养殖的乌龟发生鼻涕型应激综合征。2013年3月21日，龟主反映，感冒龟已经养了一年，体重60克，3月开始少量喂食，2013年3月9日连续几天发现龟都在池边，过冬期间温差大，觉得异常拿起来观察，发现流鼻涕，隔离单养，马上用可溶性阿莫西林泡了2天（一天泡一次），浓度没真正量过，大概是500毫升水放了绿豆大的阿莫西林粉，11日看见龟再没有流鼻涕了，就停泡药。14日，几天的单养龟也没流鼻涕了，就放回池里养（图3-57）。20日，一星期过

图3-57 这只乌龟感冒泡药后不流鼻涕但仍停食（庄锦驹提供）

图3-58 经过注射治疗后恢复摄食（庄锦驹提供）

去了，期间喂食时这龟都没进食。21日晚上得到笔者的帮助，对于感冒的乌龟，肌肉注射左氧氟沙星（0.2克：100毫升）0.1毫升每次，每天1次，连续3天为一疗程。22日晚，龟主下班到处寻药，23日终于找到药，就开始马上治疗。24日治疗后一小时，尝试喂食，龟马上开口（图3-58）。25日先喂食，看龟胃口不错，就没治疗了。

2012年6月11日，南宁读者龙碧珠反映她养殖的黄缘盒龟发生应激性感冒，主要症状是流鼻涕，冒泡，摄食不正常。这只病龟体重1.5千克，起初采用土霉素和灰黄霉素治疗无效，根据《龟鳖病害防治黄金手册》，找到笔者。根据她介绍的情况，笔者诊断为龟鼻涕型应激综合征。建议采用注射治疗的方法：在头孢曲松钠1克瓶中，加入葡萄糖注射液5毫升，摇匀后抽取0.5毫升，每天1针，连续6针，每天注射多余的药液对龟进行浸泡，结果治愈，龟恢复正常摄食。使用的饲料是配合饲料加香蕉，有时加苹果。今年此龟产卵4枚，但未受精。这批龟是今年上半年买来的安徽种群黄缘盒龟亲龟，一组3只，1雄2雌，合计2.3万元。买来时就发现有病，1只雄龟肠胃炎，用葡萄糖浸泡，慢慢自愈；1只雌龟感冒，就是上述情况。得到笔者的治疗方案，一个疗程后，该读者来电，告诉笔者，龟病已痊愈。

2012 年 5 月 11 日，笔者对自养的一只铜皮黄缘盒龟鼻涕型应激综合征进行治疗。笔者发现一只铜皮黄缘盒龟不停地流鼻涕，并出现拉稀现象，眼睛无神，活动力较差（图3-59）。近期，天气昼夜温差较大，白天最高 27℃，夜间仅有 17℃，伴有夜间下雨，对露天生态养殖的黄缘盒龟增加了应激。根据这一判

图3-59　铜皮黄缘盒龟鼻涕从鼻孔流出

断，这只铜皮黄缘盒龟发生了应激。对因下药，及时治疗，最后取得理想结果，很快痊愈。采用的治疗方法是：在注入 7 千克的新水的泡澡池中，加入头孢呋辛钠 1 克，将药物加水溶解后均匀泼洒，溶入水中。之后，将此龟轻轻放入水中，让龟自行爬入，以免再次应激。在药液中浸泡 30 分钟左右，龟自行离开。第二天观察，此龟不再出现鼻涕喷出现象。第三天继续观察，发现此龟已很健康地在树丛中栖息，精神饱满（图 3-60）。总结此次病例，笔者认为，在养龟过程中要善于观察，发现龟应激后，查明原因，对因下药，及时治疗。从治疗结果分析，对于早期的感冒应激的病龟，完全可以采用药物浸泡的治疗方法。

图3-60　铜皮黄缘盒龟鼻涕型应激综合征治愈

4. 龟肠胃型应激综合征

2011 年 6 月 28 日，笔者受苏州朋友委托，对送来的两只台湾黄缘闭壳龟进行治疗。笔者诊断为：肠胃型应激综合征。治疗前，小缘前肢肿胀，大缘拉稀不止。对两只台湾黄缘闭壳龟应激症进行治疗。采用 5 毫升针筒配 0.5×20 针头对黄缘盒龟进行肌肉注射治疗。体重 200 克小缘前肢肿胀，腋窝鼓胀，但前肢能活动，头部和四肢都能伸缩；对小缘注射头孢曲松钠 0.1 克 + 地塞米松 0.5 毫克 + 生理盐水至 0.5 毫升；注射后，小缘无不良反应，表现灵活，在暂养盆里爬动，头伸缩自如，如果人为动它，头部会缩回，眼睛紧闭，四肢同时缩进壳内，几小时后发现前肢基本消肿，前肢腋窝不再鼓胀。体重 500 克大缘病危，主要表现拉稀不止，头部伸出无反应，后肢无反应，前肢有反应，闭眼。对大缘肌肉注射头孢曲松钠 0.2 克 + 地塞米松 1 毫克 + 生理盐水至 1 毫升。将病龟放在盘中水养，在 2 千克水体中加入注射用头孢曲松钠 0.7 克 + 地塞米松 3.5 毫克，进行药物浸泡。大缘在注射后反应比较强烈，眼睛紧闭时间较长，后肢变软，没有任何反应，昏迷状，继续观察，几小时后，逐渐苏醒，眼睛微微睁开，头部已有反应，但后肢仍无反应，翌日晨，发现大缘后肢有轻微反应，眼睛能常态睁开，精神不佳，排泄两次，仍有拉稀。

2011 年 6 月 29 日 16:00，对两只黄缘盒龟继续注射药物进行治疗。小缘表现更为灵活，病情根本好转，主要体现在，昨天注射时后腿能拉出来行针，今天注射时后腿紧缩有力，根本拉不出来，只好拉开前腿进行肌肉注射，剂量为头孢曲松钠 60 毫克 + 地塞米松 0.3 毫克 + 生理盐水至 0.3 毫升；注射后不久发现小缘龟爬到大缘龟背上，眼睛亮（图 3-61）。大缘逐渐好转，主要表现在后腿能伸缩，头部伸缩自如，眼睛有点精神，注射时后腿能拉出来，但有一点回缩力，注射头孢曲松钠 140 毫克 + 地塞米松 0.7 毫克 + 生理盐水至 0.7 毫升。注射后大缘眼睛闭一会儿，时间不长就睁开，后肢明显回缩有力（图 3-62）。而昨天注射时，后肢无力，拖拉在地，毫无反应。今天注射时发现明显好转，不再拉稀，泄殖孔干净。不像昨天注射第一针时不停地拉稀，今晨拉稀减少，今傍晚打针后拉稀基本停止。浸泡：对上述两只黄缘盒龟注射后进行药物浸泡，在 2 千克水体中加入头孢曲松钠 0.8 克 + 地塞米松 4 毫克，长期浸泡 24 小时。

2011 年 6 月 30 日 18:00，黄缘盒龟基本痊愈。药物浸泡，巩固疗效。原本准备继续注射治疗，发现两只龟都有精神，决定不再注射。改用头孢曲松钠 1 克 + 地塞米松 5 毫克溶入 2 千克水体中，对龟进行药物浸泡（图 3-63 和图 3-64）。

图3-61　黄缘龟肠胃型应激综合征注射治疗后精神好转

图3-62　黄缘龟肠胃型应激综合治疗后四肢回缩有力

图3-63　黄缘龟肠胃型应激综合征药物浸泡（小龟）

图3-64　黄缘龟肠胃型应激综合征药物浸泡（大龟）

5. 龟出血型应激综合征

2012年1月8日，广西读者黄保森反映，他养殖的石龟生病了。原来，白天加温到28℃，有段时间不在家，家人不会弄，温度一直都是23℃左右。换水也是用热水器直接加温到38℃左右用手试着不烫暖暖的，就直接换水。再把龟放进保温箱加温，就出现问题了。70只石龟苗中已经有40只出现全身性出血（图3-65），但能摄食。笔者分析原因，由于温差太大，引起的恶性应激，温差10℃以上一般难以抢救，尤其是内出血已很严重。实际上是恶性应激引起的内出血。因此诊断为龟出血型应激综合征。建议治疗方法：逐渐

图3-65　龟出血型应激综合征（黄保森提供）

图3-66 龟出血型应激综合征治愈（黄保森提供）

将温度降到 28℃，达到最佳温度后，稳定温度；坚持等温换水；使用氟哌酸药饵，每千克饲料添加 3 克，连续 6 天。结果痊愈（图 3-66）。

2012 年 4 月 28 日，钦州传说反映，他养殖的鳄龟亲龟，雌性亲龟全部停食，其中一只口鼻大量出血，最后死亡。解剖发现，大量内出血，肠道内淤血，肝脏发白，其他内脏也有不同程度的点状充血。笔者经诊断为：出血型应激综合征。这批龟规格是 7.5 千克左右，20 只，其中雄龟 5 只单养，另外 15 只雌龟混养，采用露天水泥池养殖，池底铺沙，水深 30 ~ 40 厘米，直接使用山上泉水，未经等温处理，在晚上 20: 00 左右彻底换水，每 3 天换 1 次，投喂小杂鱼。经过分析得知，发病是由于温差应激引起，因累积应激，发展成恶性应激，鳄龟生理紊乱，体质下降，致病菌乘虚而入，引发内部出血，最终导致出血型应激综合征发生。笔者提供治疗方法：等温换水；在仍能摄食的雄龟食物中添加头孢呋辛纳，每千克饲料添加 0.5 克，连续 3 天；对雌龟进行注射药物治疗，具体使用头孢呋辛纳 0.2 克、维生素 K 0.2 毫升、维生素 B_6 0.3 毫升，每天 1 次，连续 6 天。结果病情得到控制。

广东茂名高州读者唐科反映一例花龟出血型应激综合征。2016 年 4 月 5 日，他的一位朋友最近从广州买来一批温室龟，是海南花龟，买回来后龟开始发病，主要表现红脖子，并且全身性红肿，呈出血病症状。笔者判断，是温差引起的出血型应激综合征（图 3-67）。这种病如果是晚期，很难治愈。早期发现，可以及时治疗，挽救一部分龟的生命。

图3-67　龟出血型应激综合征（唐科提供）

　　此例中，温室龟由于室内外温差太大，加上运输、自来水冲洗以及粪便不能及时处理等环节，都可能产生致命的恶性应激。因此，在引种前要弄清种源的背景，也要观察龟的状态，是否眼睛有神、四肢有力、活泼好动、体表完好和体质健壮等。买回来之后，要进行预防应激或解除应激的技术处理，具体可以参考笔者有关应激方面的龟鳖书籍。

6. 龟吹哨型应激综合征

　　2011年8月29日，广西钦州读者杨军反映，其养殖的石龟发病。主要症状是，喘气的龟呼吸气大，发出吹哨声，龟四肢有力，进食正常，发病已有6天，每天死1～2只。全场共有2 200只石龟，其中温室约有900只，平均体重400克，第二年的龟。笔者究其原因是，尽管采用外塘水用于温室内养龟，但已经是夏天，经常在下午18:00左右摄食后换水，并且有时使用温差较大的井水，约占1/10，觉得水温低，就加温后使用，温度没有精确控制。因此，必须要注意加温后的恒温控制，温度要求稳定。这批石龟曾经摄食过变质的海鱼，变质海鱼也是致病因子，最近的少量浮水病龟解剖发现肝脏变性坏死。因此，建议改用配合饲料。笔者诊断：龟吹哨型应激综合征（图3-68）。笔者提供治疗方法：头孢曲松钠0.1克，每只龟每天注射1次，连续3次为一个疗程。治疗效果：从8月29日开始对所有的石龟分批进行注射，2针后，吹哨声减少，3针后症状基本消失。

图3-68　龟吹哨型应激综合征（杨军提供）

7. 龟垂头型应激综合征

2011 年 7 月 2 日，笔者在广东顺德容桂镇发现，读者李丽兴养殖的金钱龟应激发病。查找应激源，主要是直接使用自来水调节水质，让自来水不停地流淌，造成微流水环境。下午在现场直接温度测定，自来水温度 28℃，养龟池水体温度 28℃，气温 33℃，水温与气温的温差 5℃。尽管自来水与龟池水温没有温差，但不分时间直接用自来水注水，早晚有温差，正常为 3℃，而实际温差为 5℃，当龟从水体中爬到休息台上的时候，感受 5℃温差，容易产生应激，并且这种应激是长期的，也就是累积的，因此诊断为温差引起的累积恶性应激。正常情况下，稚龟、幼龟和成龟能忍受的温差分别是 2℃、3℃和 4℃。从金钱龟死亡的情况看，也证明的恶性应激的源头来自温差，因此出现了无名死亡的应激症状。主人介绍：18 只金钱龟已死亡一半，感到很郁闷。根据读者反映，在平时的金钱龟死亡前的症状中发现有头颈上扬和下垂交替进行，张嘴呼吸，口吐泡沫、眼睛发白等现象。因此，笔者诊断为龟垂头型应激综合征（图 3-69）。主人曾经采用过土霉素、氯霉素、青霉素等注射或浸泡治疗，但效果不佳。笔者给予的治疗方法：改用头孢噻呋钠和头孢曲松钠加地塞米松进行治疗。具体治疗方法是：每千克龟用头孢噻呋钠 20 毫克 + 地塞米松 1 毫克；或用头孢曲松钠 0.2 克 + 地塞米松 1 毫克，肌肉注射，每天 1 次，连续

3 天为一疗程。病情得到缓解，并逐渐康复。预防应激方法：增加调温池，自来水经过调温池自然升温，达到与自然温度一致后，才可注入养龟池。这样做就可以避免因温差造成的应激反应。此外，投喂冰冻饵料，一定要经过解冻后，与常温一致时才能使用，否则会产生饵料温差应激。

图3-69 金钱龟垂头型应激综合征

广州读者鸣扬引种鳄龟发生垂头型应激综合征。2012 年 10 月 18 日，龟主反映，前几天将鳄龟从一朋友家中运回家，中途是用一篮子装好放在摩托车后面的，估计龟吹风着凉了，回到家里又直接放进水池里。此后龟一直不进食，活动量很少，头低下至地板，无精神，最近发现鼻孔有泡。两只龟，每只重约 2.6 千克，其中一只有鼻泡，另一只没有。笔者诊断：垂头型应激综合征（图3-70）。治疗方法：让龟自行下水，静养，不可人为投入水中；肌肉注头孢曲松钠 0.1 克，加氯化钠注射液 1 毫升，稀释后使用，每天 1 次，连续 3 天。根据 3 天注射药物效果，决定下一步如何治疗。2012 年 10 月 23 日，龟主反映，两只鳄龟按照笔者指导的方法，肌肉注头孢曲松钠＋氯化钠 3 天，现精神状态好转，但依然有点鼻泡。因此，笔者建议继续注射 2 针。2012 年 10 月 25 日，鳄龟鼻泡消失，垂头相对减少，精神也好转，鳄龟慢慢康复（图3-71）。

图3-70 龟垂头型应激综合征（鸣扬提供）

图3-71 龟垂头应激综合征治愈（鸣扬提供）

图3-72　龟豆腐渣型应激综合征
（邓广斌提供）

图3-73　龟豆腐渣型应激综合征口中吐
出物（邓广斌提供）

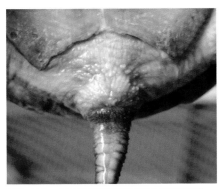

图3-74　龟豆腐渣型应激综合征显示泄
殖孔红肿（邓广斌提供）

8. 龟豆腐渣型应激综合征

2012年5月4日，广州读者邓广斌反映，他已养了十几年的四眼斑龟，最近龟生病了，请求帮助。症状：初期眼睛似白眼症状，口中有白沫吐出，泄殖孔红肿，绝食。初期时精神尚好，还爬动，后来口中有白色类似豆腐渣吐出，张大口呕吐状，有恶臭味，具传染性，经过自己用土霉素等药物浸泡救治，现在一只已正常，一只已死亡。后有2只被传染，精神较差（图3-72至图3-74）。经过图片诊断，笔者确认为龟豆腐渣型应激综合征。疑似使用自来水换水时偶尔不注意温差，直接换水引起的。治疗方法：对于体重250克的四眼斑龟，使用头孢呋辛钠0.1克＋生理盐水0.5毫升稀释。每天1次，肌肉注射，连续6天为1个疗程，后来治愈。

2011年11月2日，茂名读者冯艳反映她养殖的石龟苗发生肺炎，并表现出各种症状。主要特征是嘴巴张开呼吸，并且急促，明显是肺炎症状。每天都有石龟苗死亡。主人还反映，所有的龟一开始都是眼睛先出现一个米状的白色物，接着开始张口呼吸、口边有豆腐渣样物质等。她采用药物浸泡，已经用过青霉素、链霉素、头孢哌酮、阿莫西林和强力霉素了。头孢哌酮是刚刚使用，感觉龟好点。笔者建议用庆大霉素浸泡，每500克水体使用庆大霉素1支8万单位（对未发病龟用药量减半），连续6天，每天换水换药。在治疗期间可以投喂黄粉虫，不要使用蚯蚓投喂，防止蚯蚓带菌感染。引起肺炎的主要原因是局部加温，养殖箱盖子每天打开两次进行换水和投饵，箱内外产生较大温差。由此产生应激，最终导致感冒和肺炎发生。笔者诊断为豆腐渣型应激综合征。在龟发病的不同时期表现出不同的应激症状（图3-75至图3-78）。2011年11月7日，龟主反映，第一次养殖石龟，总共养殖石龟苗60只，购买时规格10克，买入价500元/只，现在规格为20～25克，因病已死亡18只。2011年11月12日，龟主反映，已注射5针，每12小时注射一次，头孢噻肟钠1克瓶装，每只规格20克的石龟苗每次注射1毫克，并加地塞米松，未浸泡，有一定效果：呼吸好点，没那么急促，嘴巴还张开，黏液也少点。笔者建议改为：药量可以增加1倍，改为2毫克，24小时注射一次，同时浸泡，不用加地塞米松。继续观察效果。2011年11月16日，龟主反馈，治疗后其他石龟苗保住，病情得到控制，2只晚期的石龟苗死亡。

图3-75　龟豆腐渣型应激综合征（冯艳提供）

图3-76　龟豆腐渣型应激综合征初期
　　　　（冯艳提供）

图3-77　龟豆腐渣型应激综合征表现脖子肿胀
　　　　（冯艳提供）

图3-78　龟豆腐渣型应激综合征呼吸困难
　　　　（冯艳提供）

9. 龟温差投饵型应激综合征

2011 年 3 月 24 日，钦州读者米一运反映他养殖的鳄龟出现问题。钦州读者米先生 28 岁，从当地新华书店买到《龟鳖高效养殖技术图解与实例》一书。他说买了好多龟鳖书，觉得这本书比较好。他养殖的龟鳖品种有 5 种：山瑞鳖，年产苗 100 只；珍珠鳖，年产苗 1 800 只；黄沙鳖，年产苗 1 000 多只；5 龄石龟几百只。此外，新引进鳄龟。石龟苗在 2010 年在钦州卖 320 元 / 只，灵山卖 420 元 / 只，他自己前年买回来的石龟苗价格 178 元 / 只。由于钦州自然温度较高，目前当地有一位养殖户的鳄龟已产卵 200 枚，但均未受精。等温放养、等温换水和等温投饵是养龟的三原则，由笔者判断该读者违背了第三条原则。

2010 年 8 月引进鳄龟亲龟 16 只，平均体重约 8 千克，去年这批龟已产卵 600 枚。由于投饵采用冰冻鱼，未经解冻，仅洗一洗就投喂鳄龟，因冰冻饵料与常温之间的温差产生应激，2011 年开春后，已投饵一次，仍然是非等温投喂冰冻鱼，发现有 3 只爬上岸，并有浮水现象，脚部有腐皮症状，但未发现腿部或全身性浮肿现象，可排除因饵料变质引起的脂肪代谢不良症。经分析，病龟属于非等温投饵引起的应激症。笔者诊断：龟非等温投饵型应激综合征（图 3-79）。

图3-79　龟非等温投饵型应激综合征（米一运提供）

建议采用注射药物的治疗方法。注射治疗：每千克龟注射头孢曲松钠0.1克＋地塞米松0.25毫升，肌肉注射，每天一次，连续6天。2011年6月2日米先生来电反映，鳄龟非等温投饵应激征已治愈，并已顺利产蛋。

2013年7月12日，笔者接到钦州张作英来电，她的一个龟友养殖的规格100克石龟两后腿肿胀，爬行有拖行现象。笔者分析原因，是小孩不小心投喂了冰冻饵料引起。诊断为：龟非等温投饵型应激综合征。建议治疗方法：肌肉注射左氧氟沙星（0.2克∶100毫升）0.2毫升，每天1次，连续6天。

2012年1月23日，广东东莞读者周振年养殖的石龟出现轻度应激综合征。石龟100克大小，采用加温养殖，控制水温28℃，气温30℃，食用动物饲料和甲鱼配合饲料。由于在最近的动物饲料投喂前，未将冰冻的饲料解冻完全等温后使用。因此出现轻度应激，主要表现为石龟的眼睛里有分泌物，部分龟嘴巴发出嗒嗒声，并出现拉稀的情况，尚未停食。笔者根据这些症状诊断为：温差投饵型应激综合征（图3-80）。

治疗方法：用庆大霉素浸泡，浓度为每千克水体用8万单位的庆大霉素浸泡10小时，在晚上浸泡，直至第二天上午的一次投喂前，每天1次，连续3次。如果病情加重，采取其他办法。但此法应该有效果。使用药物前，适当降低水位。

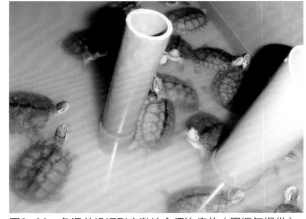

图3-80　龟温差投饵型应激综合征治疗前（周振年提供）

2012年1月28日，龟主反映，石龟苗按照笔者的办法用庆大霉素浸泡3天，目前有明显好转，但还有部分病情加重。问接下来如何处理。笔者指导，改用青霉素和链霉素合剂浸泡：每千克水体中施放青霉素和链霉素各80万单位。

2012年1月31日，龟主发现死亡石龟一只，规格100克左右，是一只发病比较早的龟，眼睛红肿，嘴里有大量黏液，肺部肿大有气泡，肝脏花样变性，笔者诊断为应激性综合征。其他的龟经过3次庆大霉素浸泡后病情普遍好转。

2012年2月3日，在治疗过程中，一只已经死亡，另一只严重到晚期。其他石龟在笔者指导下，已经没有频频张嘴呼吸和眼睛分泌物，就是泡药之后第二天拉屎很多，不怎么吃饲料，换水后，到晚上吃食正常，基本痊愈（图3-81）。

图3-81　龟温差投饵型应激综合征治愈（周振年提供）

10. 龟肺气泡型应激综合征

广州读者梦想飞天养殖的石龟并发应激性肺气泡和白眼病。2013年3月14日，龟主反映，她养殖2012年的石龟苗600只，因暖气机坏了，过2～3天才修好，导致室内温差很大，引起石龟恶性应激，逐渐死亡100只。笔者发现石龟病症是白眼型应激综合征和应激性肺气泡并发。肺气泡（肺大泡）是由于肺内细小支气管发炎，致使黏膜水肿引起管腔部分阻塞，空气进入肺泡不易排出而使肺泡内压力增高，同时肺组织发炎使肺泡间侧支呼吸消失，肺泡间隔破裂，形成巨大含气囊腔。用过"维生素C应激宁"一周，再用阿奇呼清（硫氰酸红霉素可溶性粉）一周，还是不稳定，龟很瘦，现在有时候一天两三只死亡。笔者诊断：龟肺气泡型应激综合征（图3-82）。治疗方法：鉴于石龟体重250克左右，肌肉注射头孢噻肟钠0.1克＋氯化钠注射液0.5毫升，每天1次，连续6天为1疗程。

图3-82　龟肺气泡型应激综合征
　　　　（梦想飞天提供）

11. 龟肺炎型应激综合征

2012 年 10 月 10 日，广东茂名市电白县沙琅镇读者吴梦云反映，她养的鳄龟今晨发现死亡 2 只，另有 4 只发病，放养密度为每平方米 12.5 只，养殖箱规格为 1 米 ×2 米，是当年 7 月买回来的鳄龟苗，现在规格有 50 克左右。笔者经过分析发现，尽管她采用的是等温水，但实际没有完全做到等温，因为从井水抽取到调温池之间没有设置开关，这样，在使用完等温水之后，井水会自动上水至调温池，在短时间内做不到等温，连续使用下的结果造成不等温，因而产生了应激反应。从死亡的鳄龟解剖发现，其肺部有病变，其他内脏未见异常。死亡时鳄龟嘴巴张开，显示呼吸困难。此外，眼睛睁开，泄殖孔松弛。笔者诊断：温差应激引起的肺部感染，定名为龟肺炎型应激综合征

（图 3-83）。笔者指导防治方法：对养殖池用头孢曲松钠全池泼洒，每池每次用药 1 克；对正在发病的 4 只鳄龟肌肉注射药物，左氧氟沙星（0.2 克：100 毫升）0.2 毫升，每天 1 次，连续 3 天。10 月 14 日，小鳄龟应激引起的肺部感染基本消失，并已恢复正常摄食（图 3-84）。

图3-83　龟肺炎型应激综合征（吴梦云提供）

图3-84　龟肺炎型应激综合征治愈（吴梦云提供）

12. 龟浮水型应激综合征

2012 年 9 月 27 日，广西北海读者包仁珍反映，她养殖的石龟苗出现问题。石龟苗买回来 10 天，200 只，在室内养殖，水深 4 厘米，最近发现其中有一只出现浮水现象（图 3-85），摄食基本正常，主要是喂黄粉虫和虾，偶尔也喂一些配合饲料。笔者经过调查发现，其直接使用温差较大的井水养殖，井水温度 24.5℃，养殖池水

图3-85 石龟浮水型应激综合征（包仁珍提供）

温度 28.5 ～ 29.5℃，温差 4 ～ 5℃，由此产生温差应激。不仅如此，管理过程中有时将龟苗抓起来观察，之后直接投入到水中，容易引起呛水应激。因此，浮水现象实际上是应激综合征，具体诊断为：浮水型应激综合征。防治方法：注意使用等温水，井水必须经过调温池等温之后才可以使用；观察后，龟苗必须经过斜板自行爬入水中，不可以直接投入水中；将浮水龟隔离，并用维生素 C 浅水浸泡，浓度为每立方米水体 30 克。注意将含有维生素的水徐徐倒水盛有龟苗的盆里。龟主反馈："今天用强力霉素加维生素 C 泡过了。感觉泡了比没泡精神好一点。只用小小的盆放指甲一丁点的强力霉素和维生素 C，加水没到它的背左右。"之后，龟逐渐痊愈。

2012 年 10 月 1 日，广西钦州读者黄毅振反映，他养殖的石龟出现浮水性应激反应。该读者养殖石龟 300 只，8 月 20 日死亡 2 只，最近一段时间死亡 1 只，目前有 1 只正在浮水（图 3-86），规格平均为 900 克。浮水的原因笔者基本查明，主要是直接采用井水和自来水换水，未经等温处理，尽管偶尔测量温差不是很大，但这种低温差会导致抵抗力弱的龟难以通过自身的免疫系统调节过来，变成慢性应激，因此发生的浮水死亡龟数量不多。笔者分析认为：原来的养殖方法违背了应激原理，就是说石龟苗、幼龟和成龟，瞬时换水温差必须分别控制在 2 ～ 4℃内，要做到这一点就需要等温换水，如何等温，就是建有等温调水池，将井水、自来水与常温相等后才可以注入养殖池中，如果是加温养殖，必须与加温池中的水温保持一致，才可以换水，否则会应激；原来的养殖方法是直接使用井水和自来水，尽管温差不大（养殖池的水温是 25℃，井水的温度是 27.5℃），但毕竟存在一定的温差，所以石龟死亡和浮水才是个别现象，否则问题很大，严重时会全部死亡；为什么龟死亡不多，

这是因为温差不大，产生恶性应激是个别的。应激大小取决于温差和龟的自身抵抗力，如果龟逐渐适应这样的温差，而自身抵抗力很强，也许没事，但操作方法上还是违背应激预防原则。也就是说，直接用自来水、井水换水是不可以的。笔者诊断：浮水型应激综合征。治疗方法：①杜绝温差；②使用"双抗"浸泡，具

图3-86 石龟浮水型应激综合征（黄毅振提供）

体是每千克水使用青霉素和链霉素各40万单位，对龟进行浸泡，时间到下一次换水前；③如果病情严重，需要采用注射药物的治疗方法。2012年10月7日，龟主反馈，按照笔者指导用青霉素和链霉素对龟进行3天的浸泡，龟在第二天已进食（图3-87）。泡药的第二天发现龟的活动力比第一天强，龟主说："我想，龟几天不吃东西了，肚子饿了吧，于是我就找一小片肉放进水盘里，观察龟在水里的动静，半个小时过去了，仍然不见龟有吃东西的迹象，无奈上班时间已到。下班回来，水盘里的这一小片肉不见了，我的龟又开始进食了，高兴的表情已经洋溢在我的脸上。

图3-87 石龟浮水型应激综合征痊愈（黄毅振提供）

泡药的第三天，龟在水盘里的活动更加有劲，四条腿不停地动、不停地在爬，放进去的肉也在一个小时内吃完，龟的病情已经大有好转！"

广州番禺庄锦驹养殖的石龟出现浮水现象。2013年1月1日，龟主反映，有1只上一年的南石苗，在前几天发现有浮水，其他都没问题，入冬以来，都没换过水。在广州，上月中旬天气突然转温，南石都出来找食，我就喂了它们，喂完2天又遇冷空气，怀疑摄食的东西没排出来。阳台下养殖的石龟自然越冬，体重5～6两，是2010年的龟苗，最近出现浮水现象。笔者分析原因可能是前段时间天气突然降温，体质较差的石龟引起的应激反应，观察其眼睛能睁开，四肢有力，已采用维生素C和氟哌酸浸泡，效果不明显。诊断：浮水型应激综合征（图3-88）。治疗方法：隔离单养，用泡沫箱养殖；肌肉注射头孢噻呋钠，每天0.1克＋0.5毫升氯化钠注射液，连续3天。结果痊愈（图3-89）。

图3-88 龟浮水型应激综合征（庄锦驹提供）

图3-89 龟浮水型应激综合征治愈（庄锦驹提供）

2012 年 8 月 7 日，茂名龟友清清直接将石龟苗投入深水中，出现浮水的错误操作方法（图 3-90）。对于孵化后一周左右的石龟苗，龟主是用 2 ~ 3 厘米水位，但是卖给商家时，对方要求用深水位检验龟苗质量，发现有浮水的就不要。龟主说，平时喂养小龟是刚好浸过龟背，龟苗刚孵出来不浮水，喂养几天后再投进深水，就浮水。笔者给出的正确做法：可以向有龟苗的箱子里慢慢注水，不可以将苗直接投入深水里，否则会引起呛水型应激反应，这是技术关键。

2012 年 1 月 15 日，茂名读者郭金海反映，他养殖的庙龟发生温差应激。一只体重 1 千克的庙龟在前几天出来晒太阳，后来下些小雨有些感冒，龟主就用维生素 C 和头孢菌素一起泡。第 3 天把龟放到金鱼缸中加温，从 16℃的水温加到 24℃，温差 8℃。16℃水温的时候很爱游，但是水温升高后就出现浮水、不活动，眼睛有时候闭着，呼吸急速。笔者诊断：龟浮水型应激综合征（图 3-91）。笔者提出缓解措施：逐渐降温，每天下降 2℃；使用维生素 C 和头孢浸泡；用地塞米松 0.25 毫克 + 维生素 C 1 毫升，肌肉注射。2012 年 1 月 16 日，龟主反映：庙龟好多了。还没有打针，现在外面晒太阳了。用维生素 C 和头孢菌素泡，表明浸泡药物也有一定作用，龟病逐渐恢复，并开始摄食，状态很好。

图3-90　不当操作引起的龟苗浮水现象（清清提供）

图3-91　庙龟浮水型应激综合征（郭金海提供）

13. 龟肝肺变性型应激综合征

2012 年 11 月 22 日，南宁读者黄江山反映，他养殖的当年石龟苗 500 只，以每只 520 元买入，现在规格已有 50 多克，最近死亡 1 只，并解剖发现肺部变黑，肝脏变性，在肝脏上面有一黄色斑块（图 3-92）。仅死亡 1 只的病例，笔者对其发病原因进行分析：从大的思路去分析，目前两广养龟采用的局部加温方法是很不科学的，容易引起应激，由应激引起龟的生理紊乱，致使肝脏等器官变性。关键问题在哪里？投喂、换水时，

图3-92 　龟肝肺变性型应激综合征
（黄江山提供）

必须将箱盖打开，就在打开的时候，温差不大，不要紧，龟会自行调节应激，如果温差较大，就难以调节，累积应激后就会发病。由于暂时没有问题，不等于这个方法可行，实际是有缺陷的局部加温养龟方法。

14. 龟肝肿大型应激综合征

2012 年 8 月 13 日，茂名读者莫晓婵反映，她养殖的石龟应激，出现无名死亡。主要症状是肝肿大，死前没有什么症状。主要原因是使用井水换水，可能有时等温措施做得不够到位。其他池也是一样的养，就这一池是这样，其他的没事。那水不是直接抽上去，是先抽上水池再进龟池的。这半个月死了 4 只，剖开后都出现一样的问题——肝肿大（图 3-93 和图 3-94）。21：00 左右测量，井水温度 25℃，龟池水温 29℃，温差 4℃。一般龟对温差很敏感，对于一定范围内的温差能够自我调节，石龟苗、幼龟、成龟对于温差的调节范围分别是 2℃、3℃、4℃。超过这一范围，就看龟的体质，如果体质较差就会发生应激。什么是应激？就是龟的生态系统受到威胁所作出的生物学反应。那么石龟直接使用井水造成的温差估计在 4℃，这样的温差对于体质较好的龟来说不要紧，自己会调节过来，变成良性应激，如果调节不过来，多次应激累积后会变成恶性应激，龟主拍的解剖图显示，病龟肝脏肿大，外观无任何症状，出现无名死亡。因此，石龟发生的疾病为应激性疾病，具体为龟肝肿大型应激综合征。

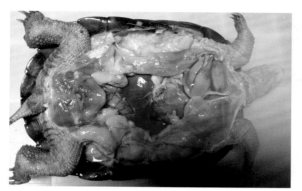

图3-93　石龟解剖检查（莫晓婵提供）

图3-94　龟肿大型应激综合征
　　　　（莫晓婵提供）

15. 龟红底型应激综合征

2012年1月12日，东莞塘厦镇的杨英投饵换水时将24℃变成20℃，再升温到28℃养龟，因温差8℃，结果出现温差应激，主要表现为石龟的腹部尤其是尾部充血发红，表现红底型应激综合征（图3-95）。发病率60%（70只龟，40只龟发病）。石龟规格100～600克。笔者指导给予治疗方法：庆大霉素4万单位注射，每千克水体用青霉素和链霉素各80万单位对龟进行浸泡。

治疗第2天，龟主杨英反映，泡了一次药，打了一针，检查下病龟好了很多。打针后病龟不怎么吃东西。继续浸泡，没有注射。浸泡6天，每天浸泡12小时。结果已有85%的病龟出现根本好转，体色接近原色，不再充血。笔者建议继续浸泡治疗，再浸泡3天，巩固治疗效果。2012年1月20日，龟主反映，龟病痊愈（图3-96）。

图3-95　红底型应激综合征治疗前
　　　　（杨英提供）

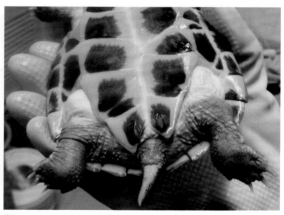

图3-96　红底型应激综合征治愈（杨英提供）

2013 年 6 月 16 日，浙江海宁斜桥镇万星村读者张月清反映，他进行温室养殖日本鳖和露天池培育鳄龟种龟，养殖日本鳖 10 万只，鳄龟亲龟 2 000 多只。最近鳄龟出现问题。

去年引进 2 000 多只北美小鳄龟，放入外池，培养亲龟，今年未产卵，预计明年开始产卵。今年开春以来鳄龟已无名死亡 50 多只，最近每 2 天死 1 只，问题比较严重。今天笔者来到现场诊断为龟红底型应激综合征。主要症状是腹部皮肤发红，并发腐皮病（图 3-97 和图 3-98）。龟主反映曾解剖刚病死的鳄龟，肝脏呈土黄色，肺气肿，膀胱积水。发病的原因是露天池天气多次突变降温，部分体质差的鳄龟，抗应激力低，体内平衡受温差突变威胁引起的应激综合征。

图3-97　龟红底型应激综合征

防治方法：泼洒药物与注射药物相结合。全池泼洒氧氟沙星浓度为 0.5 毫克/升；生石灰 25 毫克/升；聚维酮碘 1 毫克/升，交替使用。肌肉注射左氧氟沙星 2 毫升（0.2 克：100 毫升），加地塞米松（1 毫升：2 毫克）1 毫升。具体要求，对鳄龟爬上池坡不下水，见人无反应的，立即注射药

图3-98　龟红底型应激综合征并发腐皮病

物，每天注射 1 次。注射后立即放回原池（图 3-99 和图 3-100）。连续 6 天为一个疗程，根据病情决定是否继续下一个疗程。

2013 年 6 月 18 日，龟主张月清反映，前天开始注射，昨天死 1 只，8 只上岸不下水，今天减少为 2 只上岸。病龟已有明显好转。2013 年 6 月 22 日，龟主反映，病龟已停止死亡，上岸不下水的病龟显著减少，病情得到有效控制。后来继续注射，因原池龟密度太高，将注射过的龟隔离到另池观察，结果再未出现死亡。

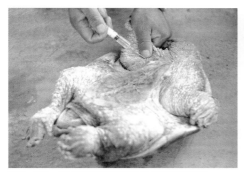 

图3-99　龟红底型应激综合征注射治疗　　图3-100　龟红底型应激综合征每次注射后
　　　　　　　　　　　　　　　　　　　　　　　　　　　放回原池

16. 龟交配频繁型应激综合征

2012 年 9 月 18 日，广东顺德读者鹰反映，最近发现一只雄性石龟亲龟浮水现象，饲料采用浙江生产的配合饲料，经过分析疑似因交配过于频繁，引起的应激反应。因此，采用隔离—浅水养殖—找到病因—对症下药的措施。目前，石龟正处于交配季节，公龟过于频繁交配，也会产生应激，体力透支，精神下降，生殖器发炎，尾巴肿大，体内炎症等，最后表现浮水现象。笔者诊断：龟交配频繁型应激综合征（图 3-101）。笔者提供治疗方法：采用左氧氟沙星（0.2 克∶100 毫升），肌肉注射，每天 1 次，连续 6 天，剂量为每次 2 毫升。经过治疗后病龟已治愈（图 3-102）。

图3-101　龟交配频繁型应激综合征　　图3-102　龟交配频繁型应激综合征治愈
　　　　　（鹰提供）　　　　　　　　　　　　　　　（鹰提供）

17. 龟泡沫型应激综合征

2011 年 11 月 15 日，哈尔滨发生大鳄龟泡沫型应激综合征（图 3-103）。读者王瀚霆是黑龙江大学的一名学生，在网上向笔者求助。他的大鳄龟作为宠物饲养，龟的体重不到 2 千克。2011 年 10 月 25 日发现玻璃缸里大鳄龟嘴里吐出大量泡沫，水面上漂浮一层（图 3-104）。水温 25℃。直接使用具有温差较大的自来水冲洗并换水，在最近的一次换水 6 天后发病，龟病情较为严重，停食。

图3-103　龟泡沫型应激综合征
　　　　　（王瀚霆提供）

图3-104　龟泡沫型应激综合征吐出大量泡沫
　　　　　（王瀚霆提供）

笔者诊断为：龟泡沫型应激综合征。泡沫产生的原因：自来水未经等温处理，直接使用；因温差引起应激反应；泡沫是大鳄龟在受到应激发生感冒后肺部发炎从嘴里吐出来的。

防治方法：等温换水，在换水时必须将自来水调节成与当时水箱里的水温一致后才能换水；肌肉注射庆大霉素，每次 4 万单位，每天 1 次，连续 6 天；根据病情变化调整治疗方法。

治疗过程：分三个阶段，使用抗生素，经过 15 天的治疗时间，结果治愈。

第一阶段：肌肉注射庆大霉素 2 针后初步见效，已不见泡沫，仅见池底有絮状物，可能是龟在换水后将嘴里原有的絮状物吐出，之后嘴已干净，不见有新的絮状物吐出，准备注射第 3 针后，继续观察。结果注射 6 针庆大霉素后，大鳄龟感冒复发，又出现气泡，水中又有零星的气泡，不是沫，还有一些漂浮的类似于鼻涕的东西。

第二阶段：改用头孢菌素，注射头孢菌素后大鳄龟反应强烈：给它打完针 10 分钟后，表现不安，手蹬脚刨，换气频繁，脖子伸得老长还贴在缸底然后抬头换气，周而复始。5 分钟后，才消停许多。安静后，昂头，正常换气。水温 21℃，注射前换水，未使用加热棒。

第三阶段：换用副作用小的头孢菌素进行治疗。经 2 天肌肉注射，口吐泡沫症状消失，大鳄龟养殖水体干净，未见泡沫状物。接下来，将现有的水温由原来的21℃逐渐升高到25℃，并用头孢菌素浸泡。此时，新的应激源出现：大鳄龟养殖在大学生寝室设置的水族箱中，因学校每晚都要停电，不能正常使用加热棒，难以恒温在25℃饲养，因此将大鳄龟移回家中。读者反映，在笔者的指导下，从10月25日求治到11月9日病龟基本治愈，经过了15天的有效治疗，大鳄龟终于恢复摄食，每晚吃1条鱼（图3-105）。

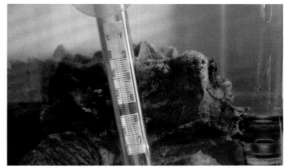
图3-105　龟泡沫型应激综合征治愈（王瀚霆提供）

　　2011年6月3日，江西丰城黄缘盒龟应激引起的泡沫型感冒。江西丰城电信公司读者徐兆群，在养殖黄缘盒龟中，发现龟有泡沫型感冒。发病原因是天气的突然变化，气温陡降，引起的龟的应激。2011年5月21日，白天气温30℃，晚上因下雨气温突然下降到19℃，这时将黄缘盒龟移到室内，当时室温29℃。就在这样的温差较大的环境中，一只体重600克的雌性黄缘盒龟发病了。5月27日发现一只黄缘盒龟口吐白沫，精神状态变差，平时跟人走，可现在不动了。针对这一症状，笔者建议采取适当升温并使用药物浸泡的方法进行治疗。在一个长、宽、高分别为55厘米、45厘米、35厘米的恒温箱中，利用50瓦UVB灯进行加温，并控温28℃，在箱内放一个小盒，其长、宽、高分别为20厘米、10厘米、2厘米，在此盒内注水并投放一支庆大霉素，2毫升，8万单位，将龟放入小盒浸泡半小时，结果第二天，泡沫消失，龟的嘴巴基本干净；5月28日继续用同剂量的庆大霉素浸泡；5月29日在笔者的建议下换用头孢曲松钠1克，浸泡半小时。在浸泡过程中，发现龟不断饮水，因为水中含有药物，从而达到治疗效果。此后停药观察，6月3日，水温仍保持28℃，因下雨，当天的气温为24～25℃。该读者后来电反映，龟已基本痊愈。能正常摄食龟粮和西红柿，大便成形，精神状态较好，准备逐渐降温，在与室外温度一致的时候将治愈的龟移到室外去，进入正常养殖阶段。

　　黄缘盒龟泡沫型应激综合征治疗新实例。对于黄缘盒龟来说，在养殖中最令人头痛的是容易发病，并且疾病的种类层出不穷。2016年4月20日，江西一位网名叫归途的养殖者反映，他养殖的黄缘盒龟从农村搬进城里的住房后，不当心就发病了。其中一只口鼻吐出泡沫，不知如何治疗。

笔者分析起因是黄缘盒龟新居的窗户打开一天，进行通气。由于昼夜较大温差产生，体质较差的龟发病了。这是一只雌性亲龟，发病后，头颈缩进壳内，四肢无力，眼睛无神。因此，笔者诊断为：龟泡沫型应激综合征。

治疗采用两种药物进行注射。使用笔者推荐的两种药物，混合后，按龟的体重计算出剂量。这只龟体重777克。结果一次注射后，第二天观察，龟的症状已消失，继续注射两天，共三天疗程，龟的疾病已治愈。

图3-106　黄缘盒龟泡沫型应激综合征治疗前后对照（归途提供）

具体方法：五水头孢肌肉注射，每次0.1克＋地塞米松0.5毫克，每天一次，连续6天。不过打完第1针，第二天观察时病症已消失，病龟已经恢复健康。但是为了防止病情复发，又连续打针3天，结果治愈（图3-106）。

18. 龟呛水型应激综合征

呛水是应激综合征中的一种，一般发现时已晚，很难治愈，死亡率极高。刚孵化的稚龟、培育中的幼龟等不小心翻身，无力反转，呛水后，龟表现四肢无力，头部变软，眼睛无神，尤其是没有特效药物抢救，主人常常束手无助。

2016年8月16日中午，笔者发现一只刚孵化两天的黄缘盒龟苗，在暂养容器中腹部朝上，看上去此龟因呛水似乎已死亡，表现四肢和头部软绵绵，没有任何反应。但其眼睛还是睁开的。拿起龟观察，龟的头部完全下垂，眼睛不动，无神，四肢松软下拉。笔者将此龟苗移到有蛭石的容器里，平放，过了一会发现龟的嘴巴张开一下，然后又不动了。进一步改进体位，将龟的身体后部垫高，头部低一点，便于排水。继续观察，大概半个小时之后，发现龟头部偶尔有一点反应，微微地颤抖。又过了半个小时，龟的头部间隙性伸缩一次，间隔时间大约30秒，每次1～2秒。又等了大约半个小时，发现龟的头部摇了一下，继续下垂，头部无力抬起，仍未脱离危险。晚上再观察时，发现龟的头部已经能全部缩进，头部和四肢都有反应。第二天早晨检查，龟苗已基本恢复，能爬行。

龟呛水濒临死亡，被成功抢救过来，这在龟病治疗史上没有先例，未见过此类报道。几年前，海口读者反映，他养殖的黄缘盒龟苗早晨发现呛水，晚上死亡。这次笔者治疗呛水病例，核心技术在于：①一旦发现呛水立即将龟苗由腹部朝上，翻身恢复正常的背部朝上的体位；②将龟迅速移到无水的蛭石中，轻拿轻放，关键是将龟的后部垫高，头部低一些，便于排水；③在静养中要注意在蛭石和龟的体表喷水，保持湿度，注意使用等温水。此次呛水型应激综合征的龟苗使用科学的抢救方法，终于获救，奇迹发生。

广东省东莞市龟友冯文远，于2016年8月30日引进10只安缘苗，到家后使用毛巾覆盖的方法保湿，进行暂养。这种方法必须是在干养条件下，才可使用。然而龟主不小心在龟苗暂养容器中注水，使得个别龟苗出现呛水。当他发现时已是下午17：00左右，求助笔者。呛水后的龟苗主要表现为精神很差，眼睛紧闭，后肢有一点反应。针对这一情况，笔者分析是由于呛水造成的，因此需要采取对因治疗措施。

诊断：龟呛水型应激综合征。

治疗：对于呛水后的龟苗首先要从有水的容器中移到干燥的地方，轻拿轻放；其次，准备好另一个容器放入干净的蛭石，注意蛭石必须是干的，这样才具有吸水的作用，此时将龟苗移到蛭石上面，这里特别要求龟苗的摆放姿势是头部倾斜朝下，后部垫高，这样做是为了排水，让龟将肚子里的水慢慢吐出来；最后是在观察过程中不要去触碰龟苗，让其安静。经过这样的物理方法治疗后，龟苗在晚上23：00已有好转，第二天中午龟主反映，病龟苗已能正常摄食黄粉虫（图3-107）。

图3-107　龟呛水型应激综合征治疗前后对照（冯文远供图）

2016年9月11日晚上，广西北海读者陈薇反映，她养殖的安缘大苗发生了呛水应激，由于水位较深，一只缘苗翻身后没能翻回来，呛水后龟苗四肢无力，眼睛闭起。她根据笔者提供的方法，将此龟苗移到放有蛭石的盒子里，将龟苗头部调低，后部垫高，在蛭石的表面，让其静养几个小时，蛭石具有吸水的功能，而龟苗通过身体的高低调节，有利于其逐渐吐出肚子里的水，获得新生。最后，病龟苗获救。此法已经三次实践验证，效果显著。

19. 龟停食型应激综合征

2012年5月25日，佛山读者邓志明引进的温室鳄龟出现不摄食应激现象。龟池13平方米左右，养了20只4千克的小鳄龟，水深20厘米，5月1日从广州市场买

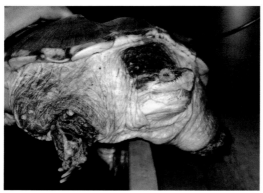

图3-108　鳄龟停食型应激综合征（邓志明提供）

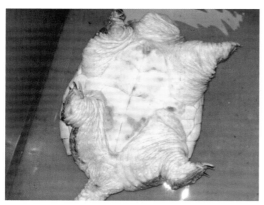

图3-109　鳄龟停食型应激综合征（龟腹部，邓志明提供）

来的温室鳄龟，单价58元/千克，回来后一直没开食（图3-108和图3-109）。引进时注意等温放养，自来水晾晒两天后使用。此后发现有一只龟发生严重的肺炎，浮水，并在水中吐气泡。笔者分析龟不吃东西的原因：温室龟主要从江浙一带运输到广州市场，路途很远，高密度装运，一路应激过来；到广州市场后，商家直接使用自来水冲洗与暂养，加大了应激；新龟主买回去之后，未能及时解除应激。尽管使用了等温水，因为买来的龟已经应激了，体内大量炎症尚未消除，所以不吃东西。已经有一个得了严重的肺炎了。此外，温室龟在5月1日的时候，江浙一带温室内外温度尚未平衡一致，如果出温室未注意逐渐降温，也会应激的。笔者诊断：龟停食型应激综合征。防治方法：注意等温换水，以后开食后注意等温投喂饲料，不要直接投喂冰冻饲料。肌肉

注射药物治疗,使用头孢曲松钠 0.2 克 + 地塞米松 0.25 毫克 + 氯化钠注射液 2 毫升,每天 1 次,连续注射 6 天。经过一个疗程 6 天的治疗,结果鳄龟基本痊愈。2012 年 6 月 1 日,龟主反映:"龟已经打完 6 天针了,今天下午放了 2 条鱼,龟都吃了,明天再放多几条观察一下。"2012 年 6 月 2 日,龟主反映,打了 6 天针,中途第三天换了 1 次等温的晾晒 24 小时的水,换了 1/3,还降低了水位,便于观察,换后加了 EM 菌,打完第 6 天针后,观察了 2 天,第一天投喂了 2 条小鱼,吃完了,第二天投喂了 6 条小鱼也吃了,治疗中 8 天以来的自然温度是 26 ~ 32℃,现在龟精神好很多,能到处游跑(图 3-110)。今天天亮的时候龟都在到处爬了,之前是很少爬动的。

2012 年 6 月 9 日,广东佛山读者强人反映,其养殖的安南龟,因直接使用自来水造成温差应激,起初发现鼻子冒泡等感冒症状。此安南龟上月中旬开始不愿动,不吃东西,5 月 21 日打了几针(是一种叫苦木和阿米卡星混合液)后,开始吃了几只虾,但几天后又不吃了,休息几天后浸泡过土霉素,还是这样,龟重约 200 克,拉它的脚,它是有力缩回去的,只是在水中不愿动,头也不想伸出(图 3-111)。防治方法:等温换水,自来水不可以直接使用,必须经过曝晒或者放置在自然温度下等温几个小时后,与外界温度一致的情况下才能使用;肌肉注射头孢曲松钠,在头孢曲松钠 1 克的瓶内,加入 5 毫升的氯化钠注射液,摇匀后,抽取 0.2 毫升注射,每天 1 次,连续 6 次。多余的药液用于浸泡龟。

图3-110　鳄龟停食型应激综合征治愈
（邓志明提供）

图3-111　安南龟停食型应激综合征（强人提供）

2012 年 9 月 15 日,龟主林方恩反映,广东阳春市发生了一例石龟停食型应激综合征。他养殖的石龟,规格为 1 千克左右,最近停食几天，眼睛流水，没力，精神差（图3-112）。究其原因，使用了温差4℃的井水，一般井水温度仅有24℃，直接使用的结果导致石龟应激，产生综合症状。目前只发现一只石龟发病，后来，他对病龟进行治疗，使用注射药物的方法，但剂量偏高，具体为：2毫升地塞米松（1毫升：1毫克）加0.2克头孢噻呋钠注射。地塞米松用了2毫克，应该是0.2毫克，超标10倍（看书没看懂）。所以病龟变软，无力。在笔者的指导下，改用左氧氟沙星2毫升（0.2克：100毫升），肌注，连续6天。2012年9月22日，龟主反馈，龟病治愈了，龟已经恢复摄食，精神很好（图3-113）。

图3-112　石龟停食型应激综合征（林方恩提供）　　图3-113　石龟停食型应激综合征治愈
　　　　　　　　　　　　　　　　　　　　　　　　　　　　　　　　　（林方恩提供）

　　2012年9月20日，广东肇庆读者吉共平反映，她的石龟养殖在阳台，2008年的苗，雄性，体重1.5千克，最近发生应激，主要的表现是停食（图3-114）。应激源是偶尔直接使用未经等温的自来水，引起的温差应激。并且，8月下了几次大雨，当时龟放在阳台，造成龟的应激反应。治疗方法：左氧氟沙星2毫升（0.2克：100毫升），每天1次，连续6天，肌肉注射。2012年9月25日，龟主反馈，她的龟已经好转，开始进食（图3-115）。2012年10月26日，龟主进一步反馈，治愈十几天后，主人把它搬到了新家，怕它对新的环境不适应，在龟池泼洒维生素C水3天，现在它已经完全适应新的环境，进食正常，也交配了。

图3-114　石龟停食型应激综合征
　　　　　　（吉共平提供）

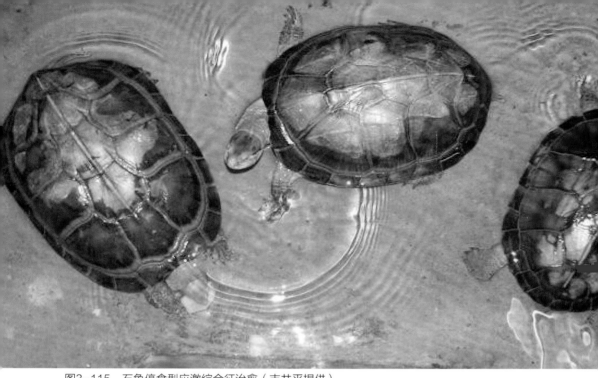

图3-115　石龟停食型应激综合征治愈（吉共平提供）

2012 年 6 月 19 日，茂名市高州读者张雄志反映，采用局部加温养殖的石龟直接使用井水，出现停食型应激综合征（图 3-116 和图 3-117）。井水 26℃，养殖盘中水温 30℃，温差 4℃，石龟规格 500 克左右。治疗方法：肌肉注射头孢曲松钠 0.1 克，连续 6 天，结果痊愈。

图3-116　局部加温养龟（张雄志提供）

图3-117　龟停食型应激综合征（张雄志提供）

2011年9月15日，广东省顺德读者欧阳杏棠反映："我的公台湾黄缘闭壳龟买回来已经半个月，买回来之后，在盘中放了3天维生素C、复合维生素和护肝灵（板蓝根、大黄）。最近这几天发现它没有精神，整天都闭着眼睛不走动，有时把头伸出来垂到地上，爬到水盆后不愿意上岸（图3-118）。这两天在盆中放了氟苯尼考，打了两针庆大霉素、维生素C、地塞米松，没有效果。另外一只母缘，我看到它的鼻孔有少量鼻水或白色分泌物，有时听到它呼吸有很大的杂声，但有时鼻孔又很干爽，都有进食。我喂过几餐番茄、两餐瘦肉、一餐配合饲料，打过一针庆大霉素、维生素C、地塞米松，现在不知道怎样处理。"笔者分析：引进前从台湾到大陆途中以及暂养过程中受到过应激，回来后未注意等温原则，使用等温水，等温投饵，等温放养。引进一周后开始发病，现在已经有半个月。笔者指导治疗方法：肌肉注射头孢曲松钠第一针0.2克，第二针、第三针减半，3针一个疗程。2011年9月20日，龟主来电反映，母龟已经痊愈，公龟尚未开食，仍需继续治疗。此后经过进一步治疗，公龟痊愈。

图3-118 黄缘龟停食型应激综合征（欧阳杏棠提供）

2011年8月11日，苏州王元生反映养殖的黄缘盒龟停食。这只龟是一个月前从河南买回来的雌性亲龟，体重575克。因直接使用自来水，温差较大应激发病。主要表现为后肢无力，前肢有反应，眼睛有神，刚停食，属于应激症早期。笔者诊断为龟停食型应激综合征（图3-119）。笔者建议采用注射治疗方法，注射头孢曲松钠0.1克+地塞米松0.5毫克，连续3天。治疗效果显著：表现后腿有力，排便正常，精神状态好，眼睛有神，灵活好动。又注射头孢曲松钠0.1克＋地塞米松0.5毫克1次。第二天恢复摄食，给予肉丝，能正常吞食，走路逐渐有力，痊愈（图3-120）。

图3-119　苏州黄缘龟停食型应激综合征

图3-120　苏州黄缘龟停食型应激综合征治愈

　　2011年5月20日，苏州市公积金管理中心读者顾平反映，他养殖的珍珠龟停食。经笔者诊断为珍珠龟温差引起的停食型应激综合征。顾先生家养的1只珍珠龟已有十几年，雌性，体重1.5千克，越冬解除后一直停止摄食，究其原因是早晚直接用自来水冲洗和换水，由于温差引起的慢性应激。最近此龟能饮水，但就是不摄食。活体检查，头脚伸缩有力，眼睛有神，嘴巴微张，下巴处有一个小瘤，曾切除过（图3-121）。笔者指导采用注射治疗方法：每千克龟体重，每次注射头孢曲松钠（规格1克）0.2克＋加地塞米松1毫克，每天1次，连续注射6次为1个疗程。注射4针后开始摄食，一个疗程后痊愈，精神状态好，喜欢摄食青虾。

图3-121　苏州珍珠龟停食型应激综合征

2012 年 9 月 11 日，武汉诚诚反映，他养殖的黄缘盒龟直接使用地下水应激发病。龟主养殖的黄缘盒龟最近发生停食现象，部分龟已恢复摄食，仍有一只公龟拒食，这只龟已停食半个月。笔者究其原因是直接使用地下水换水，用于龟的泡澡，导致应激。地下水温度一般为 22 ~ 28℃，不稳定，造成了温差应激。目前龟的精神状态还好，四肢有力。笔者经分析，诊断为：龟停食型应激综合征（图 3-122）。笔者指导防治方法：等温处理地下水，就是说，地下水使用前必须经过等温处理，才可以使用；使用左氧氟沙星注射液（0.2 克 : 100 毫升），每次注射 2 毫升，每天 1 次，连续 3 天。结果痊愈。

图3-122　黄缘龟停食型应激综合征（诚诚提供）

2013 年 5 月 11 日，广东佛山读者无忧草反映，其养殖的石龟发生停食型应激综合征。养殖石龟250只，2012 年的苗，现在规格 150 ~ 300 克。4 月 30 号傍晚龟主把温室的石龟转去室外，那时温差约 6℃，直接放自来水，在水里加了维生素 C 片，第二天发觉龟不愿意走动，好似在睡觉，就按平时那样喂食，结果龟不肯进食，到今天为止都不摄食。笔者从图片上看，石龟的精神状态不太好，个别石龟鼻孔冒泡（图 3-123），因温差引起的应激，全部停食。笔者诊断：龟停食型应激综合征。笔者指导的治疗方法：头孢曲松钠 1 克，加 5 毫升生理盐水，抽取 0.3 毫升注射，每天 1 次，连续 3 天。肌肉注射。每天将多余的药液用于浸泡病龟。结果，2013 年 5 月 13 日，龟主反馈："病龟昨天开始吃东西了（图 3-124）。"

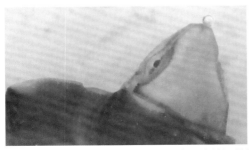 

图3-123　石龟停食型应激综合征（无忧草提供）　图3-124　石龟停食型应激综合征治愈
　　　　　　　　　　　　　　　　　　　　　　　　　　　　（无忧草提供）

图3-125　龟吐泡型应激综合征（陈锋提供）

20. 龟冒泡型应激综合征

鳄龟在养殖过程中，需要注意"等温换水"这一管理环节，如果疏忽会产生应激。由于鳄龟应激后会产生多种表现症状，吐泡就是其中一种。吐泡实际上是感冒初期，鳄龟呼吸道感染后的表现。致病机理是温差引起恶性应激，鳄龟体质下降，病原体感染，感冒症状出现。一般需要注射治疗。

2012 年 12 月 16 日，茂名信宜读者陈锋反映，他养殖的鳄龟出现问题，经笔者诊断为鳄龟冒泡型应激综合征（图3-125）。龟主说：一周前引进十多只鳄龟亲龟，回来后没有注意等温处理，可能在上一家养殖过程中忽视了等温预防应激的环节，导致发生冒泡型应激，一只出现此症状。颈部和前肢微肿胀，在水中冒泡，头部上扬，感觉呼吸有困难。根据笔者提供的治疗方法：饲料中添加电解多维，每千克饲料添加 3 ~ 5 克；肌肉注射头孢噻呋钠 0.2 克，每天 1 次，连续 6 天。结果痊愈。

2011 年 3 月 23 日，来自广东顺德读者柳英反映，家养鳄龟在水中出现吐泡现象。这批龟是 2011 年 3 月 9 日引进，共24 只，其中有 4 只疑似感冒病的鳄龟出现此症状。鳄龟的平均规格 5 千克。鳄龟池建在室内，面积有 6 平方米左右。池水深度 17 ~ 18 厘米，后加深到 28 ~ 29 厘米。采用自来水直接换水，由此产生温差，引起应激反应。经测定，早晚时，自来水与池水温差 2 ~ 2.5℃，但白天温差较大。引进初期中午换水，温差 5 ~ 6℃，因而造成应激。2011 年 4 月 3 日，柳英反映鳄龟口吐泡沫，感冒加重。笔者诊断：冒泡型应激综合征（图3-126）。因此，笔者建议采用注射药物的治疗方法，并在饲料中添加药物，注意等温换水、等温投饵。2011年4月9日，龟主反映，注射6天后有所好转，鳄龟在水中不再吐泡，也不吐泡沫，感冒缓解（图3-127）。

图3-126　鳄龟温差应激后吐泡（柳英提供）　　图3-127　龟吐泡型应激综合征治愈
　　　　　　　　　　　　　　　　　　　　　　　　　　　　　　（柳英提供）

21. 龟歪头型应激综合征

　　2012年5月12日，佛山读者毛影脚反映，他养殖的台湾黄缘闭壳龟最近出现异常。歪头，张嘴呼吸，但有食欲。缘是3月进的，体重600克。买回来就有点张嘴，期间喂过头孢，后来症状没了也开食了，就放在其他缘那里一起养，昨天才发现有点头歪，今天再看歪得很严重，还张嘴，一直都有张嘴嘎嘎的叫，他以为龟开食就没事了。抓龟的时候，虽然歪头，但是还是有食欲的，拿出来放在地上还会咬红色的刷子，也没咬不准（图3-128）。笔者经查，龟主直接使用自来水给龟泡澡和冲洗，因此产生温差应激。建议注射治疗，并给予具体指导。治疗方法：每次头孢曲松钠0.1克，肌肉注射，每天1次，连续6天。每天都泡等温水，里面加维生素C。2012年5月15日，龟主反映，经过3针治疗后，病情有所好转。黄缘龟不流口水了，喂了饲料，吃了功夫茶杯小半杯那么多。头还是歪，嘴里面没那么多黏液。2012年5月19日，龟主反映，经过6针治疗后，现在没张嘴呼吸了，嘴角也没黏液了，就是头有点歪，走路有点像喝醉了酒一样，但还会吃饲料。2012年5月25日，龟主反映，黄缘龟打完6针后，停药2天，又继续张嘴，有黏液，就打地塞米松加头孢曲松钠，2针后状况好转。停药，此后逐渐痊愈（图3-129）。

图3-128 歪头型应激综合征（毛影脚提供）　图3-129 歪头型应激综合征治愈（毛影脚提供）

　　2012年5月23日，东莞网友心言反映，他养殖的黄缘龟出现歪头症状（图3-130）。笔者经过调查分析：龟发病的主要原因有两个方面，一是直接使用自来水冲洗，并且直接用自来水进行泡澡，自来水与自然温度之间的温差突变，易引起龟的应激；二是龟泡澡池水未能及时更换，一般像龟主养殖的水池，可以两天换一次水，小池一般每天换水1～2次，而龟主的水池换水是1～2周才换一次水，龟泡澡后残饵、粪便和身上的污物留在水中，败坏水质，产生大量的氨、硫化氢、烷等有毒物质，龟在这样的水池中泡澡容易发生氨中毒，其神经系统受到威胁，最后表现出龟的神经中毒，出现歪脖子现象。简称歪脖病。防治方法：①使用等温水进行冲洗和换水，改善养龟环境；②注射头孢曲松钠治疗歪脖子病，6天为一疗程；③口服维生素B_1，每千克饲料添加1克。

图3-130 龟歪头病（心言提供）

　　2012年5月29日，佛山读者陈勇强求治台湾黄缘龟，其体重600克，养殖在楼顶，前日情况良好，能摄食西红柿和米饭，并有追咬手指的活泼状态。昨天一场暴雨后，发现龟无力，头部上扬，一会又下垂，并有歪头症状，呼吸急促，今晨发现食物呕吐现象。泡澡和饮水都使用等温水。笔者诊断：因天气突变引起的温差应激，上呼吸道感染引起的歪头型应激综合征（图3-131）。治疗方法：头孢曲松钠1克＋氯化钠注射液5毫升，摇匀，用5毫升一次性针筒抽取0.6毫升肌肉注射病龟，每天1次，连续6天为一疗程。多余的药液加1千克水浸泡病龟。治疗结果：2012年5月31日，龟主反映，已连续打针3天，现在龟精神了，还食了一条蚯蚓。暂停用药，龟逐渐痊愈（图3-132）。

图3-131　黄缘龟歪头型综合征（陈勇强提供）

图3-132　黄缘龟歪头型应激综合征治愈
　　　　　（陈勇强提供）

2012年9月6日，广东新会的网友龟峰山人反映，前不久，家养的黄缘盒龟在室外遭受一次雷暴雨袭击，造成温差应激，结果有一只黄缘盒龟出现歪脖子现象（图3-133）。此后，主人并未对病龟进行处理，仍然按照常规养殖，一段时间后，龟逐渐恢复正常，并能自行寻找食物。因此，一般认为，应激发生后，龟会依靠自身免疫力，将不平衡调节过来，变为良性应激（图3-134）。如果调节不过来，就会转化为恶性应激。

图3-133 黄缘龟歪脖头型应激综合征
（龟峰山人提供）

图3-134 黄缘龟歪头型应激综合征自愈
（龟峰山人提供）

22. 龟眼肿型应激综合征

2012年5月29日，广西柳州出现巴西龟应激。广西柳州的读者龙旭辉反映，三天前，他刚养龟一个月，试养殖巴西龟，由于不懂得等温换水，结果导致巴西龟应激感冒，主要表现症状是两眼肿大紧闭，于是向笔者求教。根据巴西龟的病情，笔者诊断为龟眼肿型应激综合征（图3-135）。决定采用药物注射的方法解决。具体方法是：对于这只体重2千克的巴西龟，使用庆大霉素2万单位＋地塞米松0.25毫克，肌肉注射，每天1次，连续3天。注射的同时用氟苯尼考药水涂抹肿大的眼睛。经过3天的治疗，眼睛已经消肿，能睁开（图3-136）。继续静养几天后康复。从治疗开始，注意等温换水。

图3-135 龟眼肿型应激综合征
（龙旭辉提供）

图3-136 龟眼肿型应激综合征治愈
（龙旭辉提供）

2012 年 6 月 5 日，广西黄秋杰养殖的石龟出现应激。家在广西贵港，人在广东中山工作，在中山养殖的石龟最近出现应激。主要原因是直接使用自来水进行换水，导致石龟发病。主要表现眼睛肿大，呼吸困难，嘴边有泡沫，共 6 只石龟，平均规格 300 克，症状表现不同，但均已停食几天。因此，笔者诊断为：石龟眼肿型应激综合征（图 3-137）。防治方法：坚持每次使用等温自来水进行换水，就是将自来水预先放在一个容器中，等水温与常温保持一致时才能使用；治疗采用肌肉注射方法。具体是采用头孢曲松钠 1 克每瓶的药物，在此瓶中注入氯化钠注射液 5 毫升，摇匀后，抽取 0.3 毫升注射每只龟，多余的药液用于石龟浸泡，每天注射 1 次，连续 6 天，后来病龟全部治愈（图 3-138）。

图3-137　龟眼肿型应激综合征（黄秋杰提供）

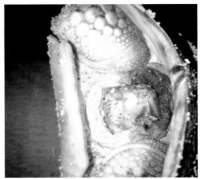

图3-138　龟眼肿型应激综合征治愈
（黄秋杰提供）

2013 年 3 月 1 日，茂名默憧养殖的石龟发生眼肿型应激综合征（图 3-139）。发病原因：该养殖户养殖了 2012 年的石龟苗 100 只，规格 250 克左右。2 个月前发病，发病率 20%，死亡率 13%。采用局部加温方法，1 米 × 2 米的 PVC 做的箱子，上面用泡沫盖着的，用 3 个 25 瓦灯泡。每次换水 5 分钟，自来水预热到 29℃。龟主反映石龟有张嘴呼吸的现象，眼睛肿胀，下巴变大下拉，病龟刚开始不下水，眼睛还能开着，有些龟头不伸

图3-139　龟眼肿型应激综合征（默憧提供）

出来，也不吃东西，在水里就浮起来。每天换一次水，都是晚上喂完就换水，现在龟主用呋喃西林泡着，就是没有见好。这些症状结合发病率和死亡率笔者分析，龟主平时温差并未控制好，就是说，自来水预热有可能不是每次都用温度计测量的，有时发生的水温突变温差应该在4℃左右。此外，换水的时间不一定每次都能控制在5分钟之内，有可能偶尔超出这一时间，冷热空气交换，这也是引起发病的另一个应激源。

2010年10月12日，来自钦州的刘先生反映："本人第一次养石龟，几天前发现稚龟眼睛肿大，眼球外表被白色分泌物盖住，常用前肢摩擦眼部，并且有些开口呼吸，摄食减少，有些不吃，有一批50克左右，有一批10克左右，在室内用面盆养。"（图3-140）。经了解，2010年8月刘先生购进石龟苗120只，价格330元/只，采用养殖箱局部加温方法，养殖箱长宽高分别为1.3米、1米、0.3米。在箱内吊挂1盏100瓦白炽灯。箱内控制温度，使用热水器控制水温注入养殖箱换水，结果引起应激反应。石龟眼睛肿大，严重感冒的病龟已有少量死亡。笔者分析主要原因是温差引起的应激反应。养殖箱内外产生温差，尤其在换水时，打开箱盖，空气温差由此产生第一次应激反应；热水器换水，尽管将温度调好至需要的温度，但开始放出来的冷水至少有一面盆，这部分冷水对龟进行第二次应激反应。笔者还了解到，局部加温引起的气温温差较大，有7℃的温差，换水时打开养殖箱，箱外温度24℃，

图3-140　龟眼肿型应激综合征
（刘志科提供）

图3-141　采用局部加温的养龟方法易应激（刘志科提供）

箱内水温是 31℃（图3-141）。此阶段，因温差较大应激引起的死亡率为 18.3%。笔者进一步了解，120 只石龟苗引进后，采用加温方法养殖，由于温差引起死亡 22 只，知道发病原因后，及时采取治疗措施，控制病情后全部出售成活的 98 只，按每只 400 元出售。从经济分析，投入 120 只、330 元 / 只，小计 39 600 元，出售 98 只、400 元 / 只，小计 39 200 元，基本收回种苗成本。龟主表示，明年有信心继续养殖，仍从苗期开始进行培育。此例，在 7℃的温差下死亡率一般为 40% 左右，经笔者指导，病情得到控制，死亡率下降到 18.3%。造成石龟应激性疾病普遍发生的主要原因是局部加温的方法不当。应将局部加温改为整体加温或系统加温，改养殖箱加温为温室加温，注意保持气温和水温各自的稳定和平衡，杜绝温差引起的应激反应。

23. 龟张嘴型应激综合征

　　2011 年 5 月 26 日，江西丰城市读者徐兆群反映，他养殖的黄缘盒龟发病。现养黄缘盒龟雄性亲龟 5 只，雌性亲龟 8 只，规格为 500 ～ 600 克。5 月 6 日，将这批龟从阳台移到室外养龟场，室内 20℃，室外 24℃，由于温差 4℃，结果其中一只体质较差的雄性亲龟出问题了。自从 5 月 6 日那天起，鼻孔上有黏液，到 10 日就发展到嘴角两边也有黏液，当时使用了 999 小儿感冒药泡澡。再到 22 日至 23 日 3 天使用肌肉注射（阿米卡星 0.02 毫升 + 维生素 C 0.1 毫升），期间把此龟放在室内周转箱采用控温饲养。经过治疗后，症状减轻，转化为张嘴型病症，表现呼吸困难，要求诊断。笔者经过综合分析，确诊为张嘴型应激综合征（图3-142）。笔者为其提供的治疗方法是：每千克龟体重每次注射头孢曲松钠（规格1克）0.2克＋加地塞米松1毫克，每天1次，连续注射6天为1个疗程。结果痊愈。

2012年9月5日，沙琅读者梦云使用氟奇先锋对石龟苗浸泡治疗张嘴型应激性综合征（图3-143）。使用氟奇先锋（20%氟苯尼考粉剂）浸泡，剂量为一池5克。龟主先用了几只龟苗尝试，刚开始浸泡了一天，第二天看没那么多张口呼吸了。再用弗奇先锋全部浸泡；一边浸，一边加一点鱼浆喂。连续浸泡3天后病龟痊愈（图3-144）。

2013年5月22日，广西南宁范思镥反映：一只石龟浮水，眼睛红，张开嘴巴呼吸，停食，体重130克（图3-145）。发病约有半个月了。用过抗生素、肠胃炎的药物浸泡。2012年开始学习养石龟，每次石龟吃完东西就换水，是龟箱保温养殖。一天喂两次，每次喂食完都换水。直接用自来水换水。感觉不是肠胃炎，但搞不懂什么病。用过诺氟沙星泡了3天，感觉效果不好，又用

图3-142　龟张嘴型应激综合征（徐兆群供图）

图3-143　龟张嘴型应激综合征（梦云供图）

图3-144　龟张嘴型应激综合征治愈（梦云供图）

图3-145　龟张嘴型应激综合征（范思镟供图）

图3-146　三针后不再张嘴呼吸，龟基本
治愈（范思镟供图）

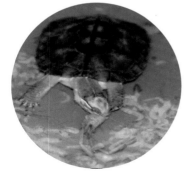

图3-147　龟已痊愈，停药3天后恢复摄食
（范思镟供图）

黄金败液加治疗肺炎的药泡了3天，感觉效果也不行，又用硫酸黄连素泡，都不见好转。经笔者诊断：张嘴型应激综合征。建议治疗方法：肌肉注射头孢曲松钠0.05克＋地塞米松0.2毫克，每天1次，连续3天为一疗程。每天注射后将多余的药液用于浸泡。结果：一针后，仍张嘴呼吸，三针后基本痊愈。龟主反馈：观察半个小时石龟的状况，没有出现张开嘴巴现象（图3-146），停药3天后痊愈，龟恢复摄食（图3-147）。

重庆云阳小彬养殖的巴西龟发生张嘴型应激性综合征。2016年5月28日，龟主反映，他直接使用自来水换水饲养巴西龟，有时晒水去氯。龟的主要症状是嘴巴张开，发出"喵喵"声，脖子鼓大，浮水。笔者根据上述症状以及图片进行分析，属于呼吸道感染。诊断为龟张嘴型应激综合征。

24. 龟风湿型应激综合征

2013 年 6 月 29 日，广东云浮读者刘萍反映："3 只台湾黄缘闭壳龟是一个月前我买回来的，一个月来我每天都强行将它们泡水一次，每 2 ~ 3 天正常喂食一次，除了泡水，其他时间都让它们在整理箱里，用毛巾盖着，没怎么活动，这种情况会不会造成它们后腿爬行功能退化啊？"

其中 1 只龟这两天发现四肢僵硬，以前很灵活健康，胃口很好；另外两只龟各有一条后腿拖行，有一只明显看到一边腿肿，另一只看不到明显腿肿（图 3-148）。

应激源 1：强行泡水一个月；应激源 2：盖湿毛巾 1 个月，限制龟活动。

诊断：龟风湿型应激综合征。

治疗：每 500 克龟用左氧氟沙星（0.2 克：5 毫升）1 毫升 + 地塞米松 0.5 毫升，每天一次，连续 3 天，第 2 天停用地塞米松。龟的规格是 1 只 500 克，另外 2 只各 250 克，规格小的龟减半用药。结果：两针见效。第 2 针后，3 只龟均恢复了摄食，而且爬行也基本正常。因此停止注射用药（图 3-149）。

图3-148　3只台缘龟发生风湿型应激综合征（水静犹明摄影）

图3-149　三只台缘龟风湿型应激综合征治愈
（水静犹明摄影）

25. 龟黏液性应激综合征

山西晋城读者林向博反映：2010年5月10日下午喂金钱龟，发现该金钱龟在陆地，对投放的虾只闻不吃，行为反常。拿起观察后发现金钱龟鼻孔通畅，但嘴角有些黏液（图3-150）。通过咨询，得知金钱龟是感冒了（呼吸道感染），查找原因是由于换水时未注意等温换水引起的应激。龟主晚上再次观察，发现金钱龟偶尔有张口呼吸现象，但并不抬头，此时确定金钱龟是患了呼吸道感染。开始采取了保守的逐步加温隔离药浴治疗方案，用头孢拉定胶囊，每斤水兑一颗。两天后发现金钱龟不但没有好转，病情反而有所发展，四肢舒展且长久保持不动，在水底偶尔爬行时，腹甲前部随着爬动磕碰在箱底，很明显是四肢无力。且嘴角和水面有明显的白色痰状黏液。

林先生得到笔者的技术支持，采取注射药物治疗。开始采用了头孢哌酮纳舒巴坦纳，每支0.5克，用2毫升灭菌注射水稀释。病金钱龟体重将近500克，本应注射0.25克，但第一针注射了0.125克。次日嘴角黏液似乎有所减少，次日共打了0.25克，但是分两次注射，每12小时一次。第三天，黏液显著减少，大多时候基本上看不到，但水面陆陆续续还有白色物出现。金钱龟精神振作了很多，能在水中较快的游动。这时候龟主犯了第一个错误，网上有说症状消失后，金钱龟能进食后会恢复较快，要相信金钱龟自身的抵抗力，所以停了药。但一天过去后，金钱龟嘴

图3-150　龟黏液型应激综合征（林向博供图）

角黏液再度出现，精神也很快萎靡不振，并且已经开始浮水，但不倾斜。睡觉多，四肢耷拉无力，醒的时候，眼睛也是半睁半闭，经观察金钱龟的舌头颜色也比较苍白，和正常的明显不一样。无奈之下，只好重新打针，这次是每次 0.25 克，一次打足量，一天一次。打过两天后，每次注射后金钱龟却比较嗜睡，但几小时后金钱龟便有明显好转，黏液显著减少，而且黏液的颜色由白色变为透明，最好的时候几乎都看不到，精神食欲都有明显好转。本来药物是有效的，坚持下去应该就会治好，可惜由于注射经验不足，第三天注射时犯下第二个严重错误。注射部位不当，导致药物没怎么扩散开，第四天，黏液增多，颜色变回白色，金钱龟精神委靡不振，浮水明显，呼吸时四肢伸拉动作幅度很大，显得费力，病情再度反复。此时考虑到用药最开始由于担心风险导致剂量不够，操作不当使药物吸收不良，金钱龟情况也更加不好，担心产生了耐药性，选择了换药。这次换药选择了头孢米诺钠。结合前几天情况，得出三条经验：一是剂量要正确，二是症状消失后也必须继续用药巩固，三是注射方法必须正确，使药物较快地顺利吸收。注射头孢米诺钠，每支 0.5 克，注射剂量为每次 0.25 克，一天一次。龟主下定决心直接注射了 7 天。好在这 7 天，从第 4 天起，金钱龟情况一天比一天好。首先，这个药注射后，金钱龟没有明显嗜睡的情况发生，再者每多一天注射后，金钱龟的情况就更好一些。注射后金钱龟在水里，虽然还是漂浮状态，但活动明显增多，呼吸时四肢拉伸幅度逐步变小，不但可以较积极地追食物，甚至可以在水面以上抬头咬食物了，而且此时可以看到金钱龟的舌头颜色明显变粉。7 天后，症状基本消失，遂停药观察。停药一天后，金钱龟嘴角又出现少量透明黏液，呼吸偶尔有哨音，又连续注射 4 天后停药，经过持续观察，停药 72 小时后无症状反复，确定基本痊愈。

要特别提到，在注射过程中，林先生都用地塞米松和头孢的药放在一起注射，地塞米松每支为 1 毫升 5 毫克，剂量为每天一次 2.5 毫克，加入到头孢米诺钠药瓶中一起抽取注射，主要就是起到抗过敏作用，后来再确定金钱龟逐步好转后，林先生逐渐减少了地塞米松的剂量（激素类药物不能一下停止，要逐步减少直至停用），最后巩固那 4 针，已经是只注射单独的头孢米诺钠了。金钱龟嘴角黏液在治疗过程中的变化如下：①成团的白色黏液，在嘴角刚出现是半透明带有白色絮状物，水里嘴边挂久了，或者脱落到水中，会变为全白，大都漂浮于水面（图 3-151）。②黏液减少，透明但里面带有一些白点，开始漂浮，一夜后相当一部分沉水。③黏液显著减少，基本变为全部透明，脱落后呈透明膜状，由于透明挂在嘴边不仔细看就看不出来。有时候特别少，几乎看不出来，但其实还是有极少量。④黏液彻底消失。

图3-151　治疗过程中团状黏液脱落（林向博供图）

这是症状消失，基本康复的一个重要标志。有黏液只能说明两种可能：病没好、治疗或环境不当引起反复。在完全停药（注射）后，水中撒土霉素巩固预防复发。因为金钱龟虽然已无症状，精神食欲都恢复得很好了，但是难独一个鼻孔还略有一小圈堵塞。林先生考虑呼吸道感染很可能和鼻子堵塞有关，因为此时放任不管的话，就可能会再度发展，甚至又出现黏液和复发，所以必须彻底清除。土霉素片，每片20万单位，水大概是10千克，撒5片，共计100万单位，药浴3天后，用数码相机微距拍摄金钱龟鼻孔，放大后观察，发现效果不理想。再用10倍放大镜对光仔细检查金钱龟鼻孔内侧，发现已经彻底没有堵塞物了，而且鼻孔内侧皮肤，已经由白色变为出现一些灰色区域（鼻孔内侧应有的一些正常颜色），与右鼻孔类似，此时才百分之百确定金钱龟已痊愈（图3-152）。选择土霉素的原因，是因为有书籍介绍该药对金钱龟呼吸道感染有明显效果，还有就是此时感觉金钱龟的病灶只剩下鼻孔这点了，药浴应该有效。泡了3天，果然效果明显。此时距5月10日发现病情，已经过去了二十多天，治疗过程之苦真是不堪回首，狠狠恶补了一次药物和金钱龟病治疗知识。得到些经验是宝贵的，教训也是深刻的，让林先生对金钱龟的应激性感冒有了本质的认识。健康金钱龟的鼻腔内应该是生存了多种细菌，它们相互制约，

图3-152　龟黏液型应激综合征治愈（林向博供图）

加上金钱龟本身的免疫力，正常环境下不易发作生病。但环境温度突变后，金钱龟的免疫力陡然下降，鼻腔黏膜受到刺激，可能会产生黏液，综合起来就给致病菌创造了繁衍壮大的环境，不及时发现治疗，细菌便步步深入，金钱龟从呼吸道感染，直至发展成肺炎甚至死亡。看来以后必须加倍细心，才能避免再次发生这类事情。整个治疗环境：金钱龟是单独养于一个蓝色周转箱，水加温至 29℃。水位没过金钱龟背 1 ～ 2 厘米。水每天换一次，开太阳灯加热空气。水箱的 1/3 用了一本养鱼书遮盖，以营造一片较暗的环境。金钱龟睡觉时大多会去那一小片阴影下。治疗过程中水里一直泼洒维生素 C 和维生素 B。金钱龟在治疗时是有食欲的，停药发生症状后食欲降低甚至停食。金钱龟主要吃鱼虾，症状消失后开始接受一些素食，停药后喂食时还添加了 BAC（金钱龟类专用的调整肠胃用药）。其实在打了 7 天头孢米诺钠症状基本消失以后，有两次再度出现过黏液。原因是因为换水的时候引起，一次是干放时间稍长（即使是在太阳灯下，金钱龟身上的水分蒸发带走热量，也会引起病金钱龟不适），一次是水位降低，露出少部分背部引起的。所以水加温就必须完全淹没背甲，空气也要加温。换水时必须杜绝任何温差。后来林先生用另一个小箱，换水时两边同时加温到相同的温度，才把金钱龟移入，水换好再放回去。到痊愈，再没有因为温差出现过黏液了。症状消失后，由温差引起嘴部有透明黏液，和人流鼻涕的道理差不多，但是多了就可能引起复发，因为适合病菌繁衍的内在环境又在逐步形成，所以必须杜绝任何温差。这个是金钱龟恢复健康最重要的前提。

26. 龟转群应激综合征

黄额盒龟难养，是圈内比较公认的。有多方面的原因，其中温差、转群、运输、冲洗、操作不当等都可能会引起应激。如果不懂应激的防御与解除，龟会发生各种症状，甚至死亡。

广西壮族自治区一位黄额盒龟养殖者陈薇要求笔者提供技术支持。她在进行黄额盒龟转群过程中，发现其中一只反应较大，眼睛时而闭起，四肢无力，精神状态不佳，停食。龟池为新建，用水浸泡过几天，但玻璃胶刺激的味道尚未完全消失，加上池子漏水进行修补时使用水泥等，对龟可能会产生不良影响。笔者分析认为，主要原因是转群引起的应激综合征。因此进行对因治疗。

查到病因后，治疗选用注射药物的方法：肌注头孢噻肟钠 1 克 + 5 毫升注射液后抽取 0.3 毫升 + 地塞米松 0.1 毫升，注射后，第二天使用"双抗"浸泡。原来准备一个疗程 3 天的治疗方案，结果一针见效。注射一针后，奇迹发生了，龟的眼睛睁开，精神状态逐渐好转，第二天龟的表现活跃，四肢变得有力，眼睛有神。主人用香蕉引诱，此龟竟然摄食香蕉了（图 3-153）。至此，龟的应激已成功解除。

图3-153　黄额盒龟转群应激治疗前后（陈薇供图）

经过艰辛的探索和研究，目前北海读者陈薇与笔者合作，在黄额盒龟驯养中不断取得新进展。笔者乐观看到，黄额盒龟驯养繁殖尽管难度极大，最终一定会攻克下来（图 3-154）。

图3-154　北海陈薇探索养殖黄额盒龟

二、应激性鳖病防治

1. 温室中华鳖应激反应

2011 年 2 月 7 日下午，湖南常德市西湖镇匡志远来电，反映他自己的温室养殖中华鳖出现的强烈应激情况：

温室面积 400 平方米左右，养殖中华鳖 8 000 只，是 2010 年 8 月放养，至今规格达到 50 克左右，准备养到今年 5 月达到 150 ～ 200 克再放养到室外露天池继续养殖，年底可达 500 克以上商品规格，全部上市。全镇 70 多户温室养鳖，全部采用这种模式，该镇年产商品鳖 150 万千克。每户都有笔者的《龟鳖高效养殖技术图解与实例》一书。

最近的问题出在换水方法不当：他采用的是深井水，其水温 18℃，换水时将温室的水温突然下降又突然上升。具体是打开温室门，降温一个晚上，达到 26℃ 的温室水温后，将水温 18℃ 的井水注入温室养殖池，又突然加温 24 小时后，达到 29℃，如此折腾后，鳖开始吃食，但 3 天后全部停食。接下来应激反应表现出来：鳖在池中打圈圈，前肢弯曲，腹部出现红点。仅两天时间已夭折 100 多只。此外，那里温室养鳖普遍没有设置调温池，使用锅炉加温，水温设计 30℃，空气温度 32℃ 左右。

2. 珍珠鳖应激性冬眠综合征

2013 年 2 月 7 日，广东化州读者李鸿反映，老家化州养殖的珍珠鳖，最近发病。总共养殖 3 000 只，已死亡 20 多只。2012 年的苗，现规格为 300 ～ 600 克。发病原因与最近天气反常、气温突然升高有关，每次气温升高都会出现鳖发病，多次反复，目前病鳖增多。使用过生石灰有一定的作用。根据图片诊断为应激性冬眠综合征并发钟形虫病（图3-155）。

图3-155　珍珠鳖应激性冬眠综合征（李鸿供图）

治疗方法：

①第 1 天，每立方米水体每次维生素 C 5 克，全池泼洒。泼洒 1 次。

②第 2 天，使用生石灰水全池泼洒，终浓度为 25 毫克 / 升。

③第 3 ～ 5 天，使用硫酸锌 1 毫克 / 升，每天 1 次，连续 3 天。

3. 水位过深操作不当引起的珍珠鳖应激死亡

2012 年 9 月 9 日，广西横县读者陆绍燊反映，珍珠鳖苗是 3 个星期前放养的，以前这个是"蓄水池"用来给龟换水的，由于池子不够用放苗前一直没养过鳖，经消毒处理后，第 2 天就放苗，养殖 3 个星期来，情况一直良好，没发现死亡现象。昨天发现死了 30 只，症状是脖子有点浮肿，四肢无力，有的头弯曲，有的底朝天，但最明显的是生殖器有点外露，在龟主养殖珍珠鳖苗中一直都很少死过一次性 30 只的。池水深 40 厘米。有水葫芦少许，放苗数量是 400 个，池子面积是 40 平方米。今天又发现 5 只死亡（图3-156）。

图3-156　水位过深引起的珍珠鳖应激死亡（陆绍燊供图）

据分析，是由于水位过深和操作不当引起应激死亡。因此，采取的防治措施是：

①降低水位，合理水位为 3 厘米左右，此后随着鳖苗的长大逐渐加深水位；

②操作方法上讲究科学方法，每次放养时必须将鳖苗放置在一块斜板上，让鳖苗自行下水，不可以人为将鳖苗直接投入水中；

③使用维生素 C 全池泼洒，浓度为每立方米水体 30 克，隔天使用氟苯尼考每立方米水体 40 克。

2012 年 9 月 10 日龟主反馈，经过笔者的指导，昨晚用药，已经隔离的 270 只鳖苗今天零死亡，有应激病的 55 只经昨晚凌晨泡药，发现症状好很多，反应不迟钝了，而且活力比昨天抓上来的有精神，眼睛也有神了。

4. 山瑞苗呛水型应激综合征

2012 年 9 月 7 日，广西南宁读者夜鹰反映，一个月前，买来 300 只山瑞鳖苗，在室内养殖，放养密度为每平方米 50 只，分四个池子养殖，最近突然死亡 20 只山瑞鳖苗，体表无任何症状（图 3-157）。使用等温后的自来水换水，等温 6 小时以上，换水方法是排干污水，加注新水，鳖苗不抓起来。水深 3 厘米，未铺沙，发病只有其中两个池。笔者经过分析，终于找到原因，由于平时观察，将鳖苗抓起来看，然后直接投入水中，引起呛水应激反应。

图3-157　山瑞苗呛水型应激综合征 (夜鹰供图)

防治方法：①将发病严重的鳖苗隔离，放入一个更浅的池中，最好先放入鳖苗，然后徐徐加入浅水，静养；②采用抗应激的药物，比如维生素C，用于浸泡；③今后注意操作规范。

5. 温差引起的山瑞鳖应激

2012年5月24日，南宁读者杨超反映，他养殖的山瑞鳖出现异常，其中一个养50只龟的池子有问题，发病率70%左右。发现腐皮和底板红斑，使用土霉素和呋喃类药物浸泡不见效果，也涂过"百多帮"，但是没用，龟皮肤慢慢变暗。笔者调查发现两个问题：①直接使用自来水进行冲洗或换水，会产生应激，因为有温差。以后要用等温水。在应激发生后，山瑞的体质下降，容易得病；②长时间不换水，水有异味，说明水质已经恶化，氨浓度升高，容易引发氨中毒。山瑞发病的表面皮肤变暗，有发炎发红的病灶出现（图3-158）。诊断结果：环境变化引起的应激性疾病。

治疗方法：①对该池的所有山瑞进行注射治疗，肌肉注射头孢曲松钠。具体方法，采用头孢曲松钠1.0克的药物，加入5毫升氯化钠注射液，摇匀后，抽取

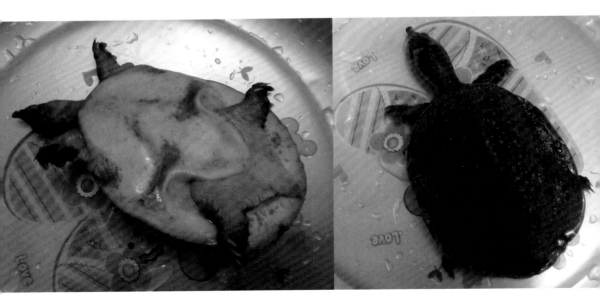

图3-158　温差引起的山瑞鳖应激（杨超供图）

0.1 ~ 0.5 毫升，按照每只鳖大小，不同剂量进行注射，最小的注射 0.1 毫升，最大的 500 克左右的可以注射 0.5 毫升。②对发病池泼洒药物进行消毒。使用青霉素和链霉素全池泼洒。1.5 米 ×2 米的池子使用青霉素和链霉素各 3 瓶。先溶解后，再泼洒。2012 年 5 月 26 日龟主反馈，他的鳖有好转了。

6. 生态位突变引起的鳖恶性应激

2013 年 5 月 18 日，广西壮族自治区横县读者陆绍燊反映，他所在的养鳖场最近发生生态位突变，引发黄沙鳖恶性应激死亡。2013 年 5 月 14 日，温室已停止加温 1 个月，在分池转群期间，其中一池因维修，将水位从 40 厘米下降到 10 厘米，在池底钻两个排水孔，后来，一孔已堵，另一孔未及时堵上，第二天水电工未来场及时修补。因此，致使鳖堆积在池子一角，发生恶性应激。第三天发现，鳖已大量死亡。大部分鳖背部皮肤溃烂，腹部充血（图 3-159）。该池 300 只鳖，死亡 244 只，死亡率达到 81%。笔者分析认为，鳖死亡的原因是：水位的突然下降使得鳖失去了原来的生态位，鳖的内平衡受到威胁，引起急性应激。

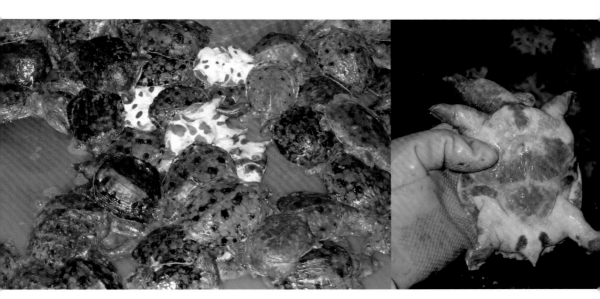

图3-159 生态位突变引起的鳖恶性应激（陆绍燊供图）

7. 中华鳖应激反应导致白底板病

白底板病在疑难性鳖病中已经介绍过，由于白底板病因复杂，有的是由于应激引起，有的是由于摄食变质食物引起，还有的是缺乏维生素引起。在学者中也有争议，有的认为是细菌性，有的认为是病毒性。笔者在这里分析的一例是应激引起的白底板病。如果使用山泉水来养殖中华鳖需要注意温差问题。笔者应邀于2010年7月3—4日去广东肇庆市超凡养殖场诊断并治疗因温差引起的中华鳖恶性应激，现场看到因应激导致白底板病，鳖大量死亡。该场由两个分场组成，合计养殖面积230亩，放养鳖10万只，因病死亡率已达50%，直接经济损失100万元，病情十分严重。通过仔细观察发现，应激源是低温山泉水，从山上引入鳖池，直接冲入，每天都要补充山泉水，单因子应激不断重复刺激中华鳖，由此产生累积应激。现场测量山泉水温26℃，鳖池水温白天33℃，晚上32℃。因此温差白天7℃，晚上6℃。病鳖出现白底板症状，解剖可见肝脏发黑，肠道淤血、肠道穿孔、鳃状组织糜烂（图3-160）。

采用的治疗方法是：在每千克鳖饲料中添加维生素C 6克、维生素 K_3 0.1克、利康素2克、生物活性铬0.5克、病毒灵1克、恩诺沙星2克，连续使用30天，每周1次全池泼洒25毫克/升生石灰。经过1个月的治疗，鳖的死亡逐渐减少，结果痊愈。

图3-160　中华鳖应激反应导致白底板病

8. 鳖白眼病

鳖病比较多，常见的病害有几十种，最严重的是白底板病、鳃腺炎等。白眼病一般出现在龟类，在龟病中白眼病是一种难以治愈的病症，我们掌握核心技术，对龟白眼病治愈已有很多病例，如广西柳州彭永清的石龟苗白眼病，广州杨春的缅甸陆龟、庙龟白眼病，西安李恩贤的黄喉拟水龟白眼病，湛江龟友韦妹买来的台湾黄缘闭壳龟发生白眼病等，在笔者的帮助下均已治愈。作为鳖类，发生白眼病在我国还是第一次。

2014年8月12日广西贵港穆毅反映，有一只山瑞鳖眼睛发白。根据笔者的经验，像这种情况可能有两种原因引起鳖的视网膜病变：一是摄食了残饵；二是被雷暴雨袭击。鳖主认为，可能是下暴雨的缘故，这几天总是突然下大雨。此鳖的体重750克。这只鳖是在食台上抓到的，下塘再抓几只，未再发现病灶，目前就这一只。

诊断：鳖白眼型应激综合征（图3-161）。

图3-161　山瑞鳖应激性白眼病治疗前

治疗:采用肌肉注射药物的方法,疗程3天。具体方法:肌注氧氟沙星(0.2克:5毫升)0.3毫升,每天1次,连续3针。

反馈:鳖主反映,一针救命,二针好转,三针痊愈(图3-162)。

图3-162 山瑞鳖应激性白眼病治愈后

第四章
龟鳖产业经营管理

第一节   高端产业链

一、专家提示

　　龟鳖产业链与我们龟鳖从业者息息相关，它包括高端产业链和基础产业链。位于龟鳖业产业链高端的构成主要包括：项目设计、种苗引进、饲料加工、仓储运输、商品销售、质量追溯，根据目前我国龟鳖业现状分析，这部分约占据市场价值的 90%，具有市场价格制定权。处于产业链低端的养殖生产的产品要进入市场，从业者可以还价或不卖，但不能决定价格，只能根据市场的变化决定什么时候出售对自己有利。

二、管理知识

　　目前，在所谓高端产业链中的各个环节中存在的最主要的问题是效率不高，比如种苗引进问题，从美国引进种苗到中国来，要根据养殖者的需要，什么时候需要，什么时候就有，就能卖个好价钱，如果等养殖者不需要的时候，或者养殖者随着时间的推移，处于观望的阶段，再好的种苗引进到市场，都很难被养殖者认可。这实际上就是效率问题。项目设计同样面临这样的问题，设计一个养殖场也好，设计一个饲料厂也行，都要根据市场需要和当地条件，尽快拿出方案，一旦目标明确，就必须坚持，以最快的速度完成。饲料生产是服务于养殖生产的，饲料的质量固然重要，但随着加工技术的不断成熟，关键还是效率，要跟踪养殖生产中的需求，及时将优质的饲料送到养殖生产者的手中。仓储运输效率的重要性更加明显，周转要加快，运输效率要高，一切围绕市场和基础产业链的需要。商品销售的根本目的是卖个好价钱，追求较高的附加值，在商品质量稳定的情况下，还要注意效率，进入市场的商品是消费者最需要的，就是受市场欢迎的，肯定能卖好价钱。质量追溯，是出口企业必须做到的环节，否则商检部门不会让你出口，在国内销售同样要注意产品质量追溯，发现市场不能接受的产品，就要进行反思，查找原因，及时改进。为什么高端产业链可以控制市场 90% 的份额？因为高端产业链具有市场价格决定权，它们的环节就有 6 个，每个环节都要赚钱，我们只要想一想，饲料上市，进入养殖生产前，价格就已经定好，种苗引进前，价格也已经定好，商品进入市场前，就有一个市场行情给你参考，这些环节组合在一起，形成高端的产业链，对养殖生产来说，高端的产业链就好比"上层建筑"，而养殖生产属于"经济基础"。因此，提高高端产业链的效率是做大做强龟鳖业的重要途径。

1. 项目设计

项目是指一系列独特的、复杂的并相互关联的活动，这些活动有着一个明确的目标，必须在特定的时间、预算、资源限定内，依据规范完成。项目是解决社会供需矛盾的主要手段；是知识转化为生产力的重要途径；是实现企业发展战略的载体。

吴遵霖教授与曾旭权主编的《中华龟鳖文化博览》，书中设计的中华龟鳖文化博览园，主要理念是传播龟鳖文化，促进龟鳖产业发展，以人为本，消费者至上，科技开路，人才竞争，市场导向，打造龟鳖为主题的人文景观。项目设计包括：选园思路和目标；选址与环境；景观设计风格；功能布局与构成规模：①龟鳖养殖部分；②龟鳖展示部分；③龟鳖文史博览部分；④科技会展部分；⑤美食药膳部分；⑥旅游客舍部分；⑦龟鳖产品销售；⑧门廊雕塑绿化及管理部分（图4-1）。

图4-1 中华龟鳖文化博览园景观设计（引自吴遵霖、曾旭权《中华龟鳖文化博览》）

2. 种苗引进

目前，国内有很多苗种从美国引进，主要品种有小鳄龟、大鳄龟、珍珠鳖、角鳖等。这些品种的引进，对我国龟鳖养殖结构产生了较大的影响，深受我国龟鳖市场

图4-2　笔者从美国引进的鳄龟

和消费者的欢迎。其中，小鳄龟已被国家农业部确定为大力推广的优良品种之一。并且从国外大量引进了各种观赏龟，比如剃刀龟、欧泽龟、圆澳龟、安布闭壳龟、黄额盒龟、越南石龟等。从日本引进了日本鳖和日本石龟。从东南亚引进中南半岛大鳖。不仅如此，从中国台湾引进到大陆的品种有台湾鳖（中华鳖台湾种群）、珍珠龟（中华花龟台湾种群）、台缘（黄缘盒龟台湾种群，台湾称之为食蛇龟）和大青（黄喉拟水龟大青种群）等（图4-2）。

3. 饲料加工

饲料加工是龟鳖产业链中的重要一环。龟鳖在合适温度下，每天都需要摄食，如果说"环境、饲料和应激"是龟鳖养殖三要素，那么饲料是关键要素之一。龟鳖通过摄食饲料，满足其对营养和生长繁殖的需求。

为什么要使用配合饲料？在传统的龟鳖养殖生产中，养殖者习惯使用鱼虾等动物饵料，虽然这些饲料有一定的营养，来源丰富，价格便宜，但由于其营养不均衡，氨基酸和电解质不平衡，长期摄食会给龟鳖带来诸多问题，如生长速度缓慢，繁殖不稳定，容易出现畸形，水质污染严重，制作鱼糜和频繁换水使用人工较多，龟鳖发病率较高。而使用配合饲料，可以避免上述问题，因为配合饲料是根据龟鳖营养需要进行科学配置的，不仅氨基酸和电解质平衡，还添加了免疫增强剂，提高龟鳖抗病力。在配合饲料中，蛋白质、氨基酸、不饱和脂肪酸、碳水化合物、维生素、矿物质、微量元素等，一个都不能少。满足了龟鳖生长繁殖过程中对各种营养的需求。使用配合饲料，不仅节省人工，污染减轻，病害减少，最重要的是提高其生长速度和繁殖能力。

龟鳖配合饲料一般采用优质鱼粉、α-淀粉、谷朊粉、膨化大豆、复合维生素、复合矿物质、免疫增强剂、天然诱食剂等原料进行配合。在制作膨化饲料的时候，还要添加高筋面粉、肝末粉、饼粕类、啤酒酵母等。上机前，一定要对原料进行最后一道工序的严格检查，发现霉变的原料以及其他的不合格原料，不得上机。只有质量全部合格的原料才能上机制粒，确保饲料的品质稳定（图4-3）。

图4-3　浙江的一家龟鳖饲料加工厂

4. 仓储运输

仓储运输是龟鳖产业链中的一环，原料、饲料、药物等物资都需要仓储管理和运输管理。如配合饲料，表面体积大，易受温度、湿度、昼夜温差与天气变化等因素影响，可能引起结块、发热、霉变和生虫等。因此，配合饲料厂家、运输人员、饲料经销商、养殖户要相互配合，做好仓储和运输两大环节工作。

饲料的变质主要是仓储不当引起的，仓储中心工作是：防雨淋、防受潮、常检查、保新鲜。仓库具体要求：隔热、防潮、防漏雨、通风、密闭。隔热，以防仓内外温差过大，引起饲料结块。防潮，水泥地面放置垫板或油毛毡。防漏雨，检查屋顶、窗门有无漏雨。通风，以便排除仓内湿气和降低仓内温度。密闭，以防湿度大时侵入仓内。小堆垛放，确保通风。存放要有计划性。梅雨季节颗粒饲料存放时间不要超过10天，粉状饲料不要超过7天。做好进出仓记录。先进先出先用为原则。做好仓库通风干燥降湿和密闭防潮防热的检查管理工作。饲料成品和原料避免混堆，以免意外的虫体侵害成品。经常清扫。以免生虫污染成品。

在运输管理中，主要工作是防雨淋、防受潮和防破包。具体要求是：严格清除车厢底板积水和尖锐物品，并铺上干燥垫料，以防破包和水分入侵饲料。随身携带性能好的遮盖物品，特别是梅雨季节，气候多变，晴雨无常，须及时对饲料进行严密覆盖和捆扎，尤其注意装卸过程中不被雨淋，在运输过程中，经常检查遮盖情况，以防意外（图4-4）。

图4-4　龟鳖饲料的仓储运输

5. 商品销售

对于龟鳖养殖者，商品销售是指龟鳖生产者通过货币结算出售所养殖的商品，转移所有权并取得销售收入的交易行为。对于经销商，是将收购的龟鳖商品，进入市场销售终端，对外出售，获得附加值。

龟鳖的商品形态呈现多样化。外观没有改变的商品（图4-5和图4-6）；分割小包装的商品（图4-7和图4-8）；深加工的商品（图4-9）。无论是哪一种形态，都是为了适应市场需求，通过市场取得龟鳖本身的价值和附加值。养殖者一般是直接上市原形态的龟鳖，根据市场变化，适时上市才能取得养殖报酬。龟鳖通过收购商进入市场后，经销商适当提高价格，来取得合理的销售利润。

商品销售是龟鳖业的终极行为，是产业链的终端，是产业健康发展的根本。一些炒种行为与正常的商品销售是背道而驰，炒种是从养殖到养殖；商品销售是从养殖到市场。产业的发展要靠良性循环。炒种的结果使处于底层的散户和小户养殖者受害，最终造成整个产业的不稳定。炒种得益的是提供种苗的团体和个人，尤其是制定游戏规则的那些人。因此，在养殖过程中，新手不要盲目加入养龟业，慎重选择品种，观察该品种的商品是否走向市场，避免给自己造成较大的经济损失。

图4-5　龟鳖饲料的仓储运输

图4-6　超市里的巴西龟

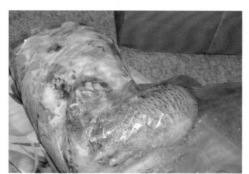

图4-7　美国鳄龟小包装（Ni Tony供）

图4-8　巴西龟冷冻包装（八千岁供）

图4-9　龟苓膏

6. 质量追溯

龟鳖业企业需要制定产品标识、质量追溯和产品召回制度，确保出场产品在出现安全卫生质量问题时能够及时召回。过去是出口食品生产企业商检才有这样的要求，现在是国内龟鳖业企业都要有质量追溯的规范程序。已经取得无公害农产品、绿色食品、有机农产品和农产品地理标志认证或认定的龟鳖生产企业，更要自律，建立质量安全追溯体系，提高市场竞争力。龟鳖产品质量安全追溯的目的，是确保龟鳖上市时成为有身份证的水产品，以便接受国家相关部门的检查，并接受消费者的监督。

质量追溯要实现产品从采购环节、生产环节、仓储环节、销售环节、流通环节和服务环节的全程覆盖。在生产过程中，每完成一个工序或一项工作，都要记录其检验结果及存在问题，记录操作者及检验者的姓名、时间、地点及情况分析，在产品的适当部位做出相应的质量状态标志。这些记录与带标志的产品同步流转。需要时，很容易搞清责任者的姓名、时间和地点，职责分明，查处有据，加强职工的责任感和管理者的担当（图4-10）。

图4-10 绿卡公司使用汉信码进行龟鳖质量安全追溯（黄启成报道）

第二节 基础产业链

一、专家提示

在基础产业链中，或者说在养殖生产里，我们最需要注意什么呢？前面已经讲过，是质量。不错，确实是这样，但不完整，应该是稳定的质量。解剖基础产业链，它可以分成四个部分：①稳定输入；②多元流程；③精密控制；④信息反馈。

二、管理知识

1. 稳定输入

所谓养殖生产，实际上是通过各种物质、能量的投入，使用养殖技术，制造成市场接受的商品，在产出大于投入的情况下获得利润。在这一过程中，首先要关注的是稳定的输入，包括温度、水质、种苗、饲料、药物等生产要素都要确保稳定的质量，以种苗为例，引进的种苗最好是"头苗"和"中苗"，规格大而均匀，体健活泼，养殖成活率较高。如果是"尾苗"，大小不均，体质较弱，断尾、畸形较多，养殖后出现生长缓慢的"老人头"的比例较高。同理，温度不稳定容易产生应激反应，体质下降，发生疾病；水质不稳定，摄食量减少，皮肤病易发率增大，生长受抑制；饲料质量不稳定，直接影响受饲动物的生长发育，饲料系数增加，成本上升；药物的质量不仅要求稳定，还必须符合国家绿色食品生产的要求，做到无公害，无残留，效果好。稳定的输入，就是投入品质量好，还必须保证每批次都好。苏州有个养鳖户进行露天池生态养鳖，投喂的杂鱼开始注意质量，但有一次将变质的海杂鱼3 500千克投入到池里，结果2个月后鳖发病，病鳖浑身浮肿，无药可救，因而造成巨大损失（图4-11）。

图4-11　浙江金大地省级渔业主导龟鳖产业示范区

2. 多元流程

多元流程就是将生产过程分割成多元的工艺流程，并对每个流程进行质量控制，才能取得优质高效的产品。在养殖生产中，我们要将其过程分割成环境调控、结构调控、生物调控，具体可分割成水质、温度、种苗、饵料、药物、防治、巡池、调整等环节，并一一加以质量管理和控制。其工艺流程分得越细，越有利于标准化生产，追求最佳效果。其实，国家制定标准就是为了实施，控制每个生产环节符合标准化要求，以"制造"出合格的产品（图4-12）。

图4-12　广东茂名的一家养龟场

3. 精密控制

精密控制，在养殖生产中很重要，再好的技术标准和产品标准，你不能在生产中进行精密的控制，就不会产出符合市场要求的一流产品，也不可能获得较高的生产报酬。比如，一般温室养鳖最佳温度控制在30℃，有些品种最佳温度可能是30.4℃，还有的品种需要控制在28℃。又如龟鳖性别受孵化温度控制，一般认为28～30℃的情况下，雌雄比例几乎均等，低于28℃时雄性比例较高，而高于30℃时雌性比例较高。有条件的养殖企业，可对水质各种相关因子进行检测，通过水化学分析，找到水质变化规律，从而有针对地采取环境调控措施。物联网时代已经到来，利用新技术，将龟鳖池中的水质通过探头及时检测，数据采集、分析，并送到数据云，便于随时调取，养殖者也可以通过屏幕对水质变化进行24小时跟踪监控。对于温控养龟，一定要使用稳定的控温仪，确保安全生产，如果贪图便宜使用劣质温控器，就有可能出现突发性事故，因温度失控造成龟死亡的悲剧（图4-13和图4-14）。

图4-13　精密控制

图4-14　温控失灵白化巴西龟死
　　　　亡（北海入云龙提供）

4. 信息反馈

信息反馈，在养殖过程中作用较大。如果发现养殖中龟鳖浮头，就要查找原因，发生在温室内，可能是氨浓度较高，需要通风或进行充氧，及时换水并可使用微生态制剂调节生态平衡。在露天池发现龟鳖摄食减少、沿池边缓游、趴在食台上不动等现象都要及时进行分析，找出原因，及时提出并实施整改措施。

在养殖生产中，还必须注意市场信息的反馈，根据市场动向调整生产结构和出售产品的时机，所以在养殖生产中始终存在物流、能流、价值流和信息流。

信息反馈是经常发生的信息流，可针对市场变化进行分析。中国龟鳖网群友小艾哥，2013 年 3 月 11 日提出问题："温室鳖养殖遭遇寒流，价格首次跌破最低成本价。自 3 月初开始，温室商品鳖价格首次跌破最低成本价（不包括人工工资、折旧、利息等费用），目前成交价 23 元 / 千克。据分析，温室鳖在正常养殖情况下，养殖最低成本价在 25 元 / 千克左右，而在养殖技术较差的情况下，每千克商品鳖所需投入的成本超过 28 元，如果按照目前的价格出售，每养殖 10 000 千克商品鳖需亏损 2 万元～ 5 万元。"

笔者回答上述问题，认为："温室鳖的价格在历史上跌过，甚至更惨的情况都遇到过，这是正常的市场反应。鳖的市场早已成熟，产能有些过剩，但市场能够慢慢消化。消化不良的主要原因还是宏观经济影响较大，抑制公款吃喝和提倡节约，使得饭店生意冷淡，加上食品安全的宣传，很少有人去饭店吃饭，在家里吃好像更安全。这些综合因素引起的鳖市场变冷，是阶段性震荡，以后会好转的。"（图4-15）

图4-15　鳖已成为大众消费品（阿刚提供）

针对龟市低迷问题，笔者在中国龟鳖网微信公众号（cnturtle）上发文，进行分析。产能过剩是龟市低迷的根本原因，去产能必须通过发展终端市场来解决。炒种已成过去，新机即将出现。我们所要做的是秉持核心技术第一，引导行业健康发展。坚信市场规律，理性建设促进良性循环。善于学习，独立思考，放弃跟随，把握时机，调整结构，明确方向，练好内功，笑到最后。为什么会出现产能过剩呢？由于过度炒种与经济下滑，导致产能过剩。有限的消费，地区性消费，药用的不确切，制约养龟业的发展。观赏龟仍具有一定的市场潜力，企图用杂交白化的短视取得眼前的暴利，是注定走不远的。无论是食用还是观赏，必须依靠大众消费，真正普及龟文化，而不是讲神龟故事（图4-16）。

图4-16　中国龟鳖网微信公众号

目前，我国龟鳖产业继续处于调整期，我们要在市场的风云变化中把握好自己的发展方向，调整品种结构和养殖结构，适应新的市场变化。我们需要关注的不是一次又一次的展会，而要关注龟鳖商品终端市场的建设，有销路才会有发展。产业链最后将会得到长足的发展。如果我们发现市场上龟苗价格不再奇高，价格适合你的时候，可以考虑出手，引进的种苗经过精心养殖，在来年会有一个好的回报。抄底就是抓住机遇，以最低的投入取得最大的收益。我们在盯住市场变化的同时，更需关注养殖水平的提高。掌握核心技术，才能抵御市场变化的极端风险，技术的竞争是市场竞争的高级阶段，是笑到最后的法宝。我们要静下心来，读一本好书，学一门知识，听一次讲座，看一次龟场，互相学习，互相交流，才能互相进步。未来充满挑战，跟随时代步伐，站在技术前沿，了解市场动态，先人一步，才能领先百步（图4-17）。

图4-17 南宁新书发布会

中国龟鳖网，作为引领中国养龟业健康发展的网站，我们具有讲真话的勇气和使命。我国养龟业炒种时代已结束，进入新的历史转折：一是食用龟进入食用时代；二是观赏龟进入精品时代；三是养龟业已由卖方市场转为买方市场。今后的市场竞争要靠科学技术的不断进步，而不是投机取巧（图4-18）。

石龟苗卖750元，黑颈龟最高价卖350万元，这是炒种时代的价格，现在听起来好像是神话，其实是笑话。虚高龟的价值，形成恶性循环，延缓进入终端市场和

开发利用，阻碍养龟业发展。食用龟产能过剩之后，必须通过市场来消化，最根本的是大众消费，去产能，稳价值，共盈利。这才是产业良性循环的必然之路。不要过多地鼓吹龟的药用价值，在没有找到科学根据的情况下，我们要充分利用其本身的价值，该食用就食用，该观赏

图4-18　中国龟鳖网

就观赏。为什么说观赏龟进入精品时代？以黄缘盒龟为代表的观赏龟，最近3年来已经转化为精品优先，以精取胜，多是没用的，目前出现的黄缘盒龟有的好卖，有的不好卖，就是看品质，有的看到黄缘盒龟爱不释手，有的视而不见，不感兴趣，这就是精品黄缘盒龟刺激买方，而品相较差的无人问津。市场竞争力其实很简单，就是人无我有，人有我多，人多我精，人精我转。那么，进一步提高，就是同样的品质价格较低，同样的价格质量最好，这样才有竞争优势（图4-19至图4-24）。

图4-19　广州天嘉市场

图4-20　观赏龟市场

图4-21　笔者繁殖的黄缘盒龟苗

图4-22　石龟汤

图4-23　鳄龟终端消费（部分照片陈金全提供）

图4-24　笔者制作的美味鳖汤

从技术层面分析，养龟中经常会出现一些技术性难题，尤其是疑难病害，这是为什么？因为不懂应激和平衡。不懂应激就不懂养龟；不懂平衡就养不好龟。此外，不要乱搞杂交，因为这样做不仅会破坏基因，更重要的是造成后代基因不稳定，一代好玩，下一代变异很大，也许隐性加隐性，不好的基因显露出来。我们呼吁，每个养龟者都要坚持科学是第一生产力的理念，独立思考，分析市场，根据市场变化趋势调整养殖结构和品种结构，用超前的思维和正确的方法迎接养龟道路上遇到的挑战（图4-25）。

中国龟鳖网秉持核心技术

图4-25 头脚白化的黄喉拟水龟

第一，引导行业健康发展。多年来，我们根据这一宗旨，始终说真话，当炒种处于热火朝天的时候，我们给大家提醒，要"质疑一切，独立思考"，不要跟风。当大家面对市场激烈竞争，刚起步或起点较低的时候，我们鼓励大家"努力在当下，成功等得到"。我们风雨同舟，和各位加入中国龟鳖网（QQ：199700919，公众号：cnturtle）的群友一起组成大家庭，有喜讯共分享，有困难大家帮忙，遇到基础知识的缺乏和技术难题，通过讲座和咨询的方法解决（图4-26）。

图4-26　中国龟鳖网秉持核心技术第一，引导行业健康发展

参考文献

Beverly McMillan.2013.图解人体大百科.北京：北京美术摄影出版社.

章剑.1999.人工控温快速养鳖.北京：中国农业出版社.

章剑.1999.鳖病防治专家谈.北京：科学技术文献出版社.

章剑.2000.温室养龟新技术.北京：社会科技文献出版社.

章剑.2001.龟饲料与龟病防治专家谈.北京：社会科技文献出版社.

章剑.2008.龟鳖病害防治黄金手册（第1版）.北京：海洋出版社.

章剑.2010.龟鳖高效养殖技术图解与实例.北京：海洋出版社.

章剑.2012.龟鳖病害防治黄金手册（第2版）.北京：海洋出版社.

章剑.2014.中国龟鳖产业核心技术图谱.北京：海洋出版社.

章剑.2016.中国龟鳖养殖与病害防治新技术.北京：海洋出版社.

章剑.2017.中国龟鳖疾病诊治原色图谱.北京：海洋出版社.